《读者》人文科普文库·"有趣的科学"丛书

XIJUN YENENG CHUANGZAO
KEXUE QIJI

细菌也能创造科学奇迹

《读者》（校园版）编

甘肃科学技术出版社

图书在版编目（ＣＩＰ）数据

细菌也能创造科学奇迹 /《读者》（校园版）编
. -- 兰州 : 甘肃科学技术出版社 , 2020.12
　　ISBN 978-7-5424-2553-9

　　Ⅰ. ①细… Ⅱ. ①读… Ⅲ. ①细菌—少儿读物 Ⅳ.
① Q939.1-49

中国版本图书馆 CIP 数据核字(2020)第 226768 号

细菌也能创造科学奇迹

《读者》（校园版）　编

出 版 人　刘永升
总 策 划　马永强　富康年
项目统筹　李树军　宁　恢
项目策划　赵　鹏　潘　萍　宋学娟　陈天竺
项目执行　韩　波　温　彬　周广挥　马婧怡

项目团队　星图说
责任编辑　陈学祥
封面设计　陈妮娜
封面绘画　蓝灯动漫

出　　版　甘肃科学技术出版社
社　　址　兰州市读者大道 568 号　　730030
网　　址　www.gskejipress.com
电　　话　0931-8125103（编辑部）　0931-8773237（发行部）
京东官方旗舰店　https://mall.jd.com/index-655807.html

发　　行　甘肃科学技术出版社　　印　刷　唐山楠萍印务有限公司
开　　本　787 毫米 × 1092 毫米　1/16　印 张 13　插 页 2　字 数 170 千
版　　次　2021 年 1 月第 1 版
印　　次　2021 年 1 月第 1 次印刷
印　　数　1~10 000 册
书　　号　ISBN 978-7-5424-2553-9　定 价: 48.00 元

前　言

面对充斥于信息宇宙中那些浩如烟海的繁杂资料，对于孜孜不倦地为孩子们提供优秀文化产品的我们来说，将如何选取最有效的读物给孩子们呢？

我们想到，给孩子的读物，务必优中选优、精而又精，但破解这一难题的第一要素，其实是怎么能让孩子们有兴趣去读书，我们准备拿什么给孩子们读——即"读什么"。下一步需要考虑的方为"怎么读"的问题。

很多时候，我们都在讲，读书能让读者树立正确的科学观，增强创新能力，激发读者关注人类社会发展的重大问题，培养创新思维，学会站在巨人的肩膀上做巨人，产生钻研科学的浓厚兴趣。

既然科学技术是推动人类进步的第一生产力，那么，对于千千万万的孩子来说，正在处于中小学这个阶段，他们的好奇心、想象力和观察力一定是最活跃、最积极也最容易产生巨大效果的。

著名科学家爱因斯坦曾说："想象力比知识本身更加重要。"这句话一针见血地指出教育的要义之一其实就是培养孩子的想象力。

于是，我们想到了编选一套"给孩子的"科普作品。我们与读者杂志社旗下《读者》（校园版）精诚合作，从近几年编辑出版的杂志中精心遴选，将最有价值、最有趣和最能代表当下科技发展及研究、开发创造趋势的科普类文章重新汇编结集——是为"《读者》人文科普文库·有趣的科学丛书"。

这套丛书涉及题材广泛，文章轻松耐读，有些选自科学史中的轶事，读来令人开阔视野；有些以一些智慧小故事作为例子来类比揭示深刻的道理，读来深入浅出；有些则是开宗明义，直接向读者普及当前科技发展中的热点，读来对原本知之皮毛的事物更觉形象明晰。总之，这是一套小百科全书式的科普读物，充分展示了科普的力量就在于，用相对浅显易懂的表达，揭示核心概念，展现精华思想，例示各类应用，达到寓教于"轻车上阵"的特殊作用，使翻开这套书的孩子不必感觉枯燥乏味，最终达到"润物无声"般的知识传承。

英国哲学家弗朗西斯·培根在《论美德》这篇文章中讲："美德就如同华贵的宝石，在朴素的衬托下最显华丽。"我们编选这套丛书的初衷，即是想做到将平日里常常给人一种深奥和复杂感觉的"科学"，还原它最简单而直接的本质。如此，我们的这套"给孩子的"科普作品，就一定会是家长、老师和学校第一时间愿意推荐给孩子的"必读科普读物"了。

伟大的科学家和发明家富兰克林曾以下面这句话自勉并勉励他人："我们在享受着他人的发明给我们带来的巨大益处，我们也必须乐于用自己的发明去为他人服务。"

作为出版者，我们乐于奉献给大家最好的精神文化产品，当然，作品推出后也热忱欢迎各界读者，特别是广大青少年朋友的批评指正，以期使这套丛书杜绝谬误，不断推陈出新，给予编者和读者更大、更多的收获。

丛书编委会

2020 年 12 月

目　录

用细菌洗澡

陈塘关

  大卫·怀特罗生活在美国马萨诸塞州剑桥市，是一位身材发福的中年人，稀疏的头发在头顶留出一圈"地中海"，神似河童。当人们跟他近距离握手、交谈时，完全看不出他有什么异常，也嗅不到任何"不干净"的气味。然而，怀特罗在当地以 12 年不洗澡而为大家所熟知。为什么会这样呢？实际上，他并非不爱洗澡，而是有意为之。

  据说，他曾和朋友一起到剑桥市的郊区游玩。在途经一片田野时，一匹正在泥土里打滚的马吸引了怀特罗的目光。他暗暗地想："马这么喜欢在泥土里打滚，一定不只是为了好玩，可能在泥土里打滚会给马带来某种好处，这很可能与细菌有关。"

  于是，怀特罗开始收集波士顿附近马场的泥土样品，并带回家里的临时实验室进行研究。很快，他从泥土中提取出了一些活性菌，用模拟汗液的氨溶液繁殖培育。其中，长得最茁壮的是一种亚硝化单细胞菌。怀特罗发现这种细菌不同于皮肤上的其他细菌，亚硝化单细胞菌这类噬氨菌分裂缓慢，10小时才会增加一倍，同时也很容易被洗浴用品消灭。所以，为了尽可能保持这种细菌的活性，他12年来没有使用过任何一种洗浴用品，只是在进入实验室的时候用肥皂洗洗手。

为了筹集资金研究这种细菌的活性和应用，怀特罗联系了几个志同道合的朋友，组建了一家名为 AOBiome 的新公司。后来，这几位创始人都是这种产品的忠实使用者，比如生物技术学博士杰马斯已经实践了好几年，每周只用两次肥皂；公司董事会主席赫·伍德每月只用一两次沐浴露，一年用3次洗发水。

怀特罗惊喜地提出了一个新的问题：这种活性细菌能帮人们洗澡吗？为了验证这种假设，他组建了 AOBiome 实验室，专门研究这种细菌的应用。他通过观察试用者身上的细菌，发现随着 AOB 细菌数量的增加，所有的实验对象的皮肤光滑度、紧实度等都得到了不同程度的改善。而在使用产品前，他们皮肤上是没有这些菌群的。另外，在患有皮肤溃疡的老鼠身上使用 AOB 配方两周后，它们伤口愈合的速度明显加快了。

因此，怀特罗研制出了一种活性菌喷雾，名叫"AO+ 喷雾"，里面包含了数以亿计的亚硝化单细胞菌。"'AO+ 喷雾'里的亚硝化单细胞菌属于氨氧化菌 AOB 家族，在大自然中到处都有：土壤、江河、大海……"怀特罗解释说，"AOB 可以将氨氧化菌分解为亚硝酸盐，并靠其存活，目前主要被应用在污水处理上。但我们认为，AOB 也能在人体表面快乐地生存，以汗液等分泌物为食。它们勤快地分解和吞噬脏东西，以对抗皮肤炎症，除掉难闻的气味，直到我们用洗浴用品将它们全部赶走。"

　　当然，利用细菌来改善人体健康已经不是一件新鲜事。想想市面上的酸奶广告，再想想药店里那些含有各种"益生菌"的促消化保健品，其实我们早已接触过这种概念。护肤品行业也有这样的先例，例如注射肉毒杆菌毒素消除皱纹的美容手术。但是与人们熟知的这些细菌相比，活性菌喷雾的原理是在皮肤上培养亚硝化单细胞菌，希望利用这一活性菌群来修复人体健康。

　　杰马斯对活性菌的效果充满信心，他认为 AO+ 药物迟早会面世，即使将细菌作为治疗药物推出还有一条漫长的道路要走。如果有一天，有朋友告诉你，他已经几年不洗澡了，你千万不要惊讶哦，或许他正在尝试这种新的洗澡方式。

·摘自《读者》（校园版）2015 年第 2 期·

细菌也能创造科技奇迹

余　风

"吃"掉甲烷防爆炸

　　瓦斯是甲烷等易燃气体的统称，这种气体在煤矿中自然产生，累积到一定浓度后，就容易引起井毁人亡的大爆炸。为了避免这类惨剧的发生，科学家研究了不少办法。不久前，印度科学家找到了一种甲烷细菌，它生来就爱"吃"甲烷，易燃的甲烷经过它的"消化"，就变成了不会燃烧的气体。在甲烷浓度达99%的矿井中，放进大量的甲烷细菌，不出一星期，细菌就能吃掉84%的甲烷，因此能轻而易举地防止爆炸。

让蚊子"干死"

最近，在中东某地的沼泽里，科学家找到了一种灭蚊细菌。它能钻进蚊子的体内进行繁殖，并产生出一种能吸水的蛋白质，透过蚊子的细胞膜吸收细胞中的水分，从而使细胞失水收缩，让组织器官像晒干的泥土般龟裂开来，蚊子也就一命呜呼了。

奇怪的是，灭蚊细菌只对蚊子感兴趣，对别的昆虫、鸟兽、家禽、家畜等一概无害。科学家把 0.4 千克的灭蚊细菌放在 4000 平方米的土地上，48 小时内就消灭了 90% 以上的蚊子，而且这种灭蚊方法不会造成环境污染。

"耕云播雨"

在众多人工降雨的方法中，细菌降雨是最奇妙的一种。美国科学家已经发现了好几种能凝聚水蒸气的催雨细菌。它们"住"在大海的气泡里，在海浪击碎气泡后，细菌升到空中，将空气中的水蒸气凝聚成水滴产生降雨。在不久的将来，我们也许就能派这些细菌到蓝天上去"耕云播雨"了。

细菌发电

近年来，科学家从一种细菌中成功提取出甲醇脱氢酶来代替金属当催化剂，使化学能转变成电能的效率提高了 60%~70%。而且，细菌大量繁殖，产生出大量的酶，从而使电池的成本大幅降低。这种用细菌酶做的电池就是细菌电池。

高效产油

在加拿大的一个咸水湖里,科学家发现了两种共生的细菌——紫色细菌和无色细菌。紫色细菌能"吞"进二氧化碳,"吐"出有机物;然后无色细菌再"吞"下这种有机物,"吐"出一种含有碳氢化合物的液体。这种液体经过加工,就能成为可以提取燃料的原油。在3平方千米的湖水中培养这种细菌,一年之内就能制造出22亿升原油。

·摘自《读者》(校园版)2017年第3期·

科学家发现"致笨"病毒

乔 颖

感觉自己变笨了？有可能哦。美国约翰斯·霍普金斯医学院和内布拉斯加大学的最新研究发现，藻类病毒 ATCV-1 能够影响人类大脑并使人变笨。

这种藻类病毒先前从未在健康的人体内发现，研究人员发现它能够影响包括视觉处理和空间意识在内的大脑认知功能。

研究人员在一项咽喉微生物研究中偶然发现了这种病毒，而健康人咽喉中的 DNA 与 ATCV-1 的 DNA 相匹配。参与研究的 90 名志愿者中，40 人的 ATCV-1 检测呈阳性，与检测呈阴性的人相比，他们在视觉处理的速度和准确度测评以及注意力测试中的表现较差。

·摘自《读者》（校园版）2015 年第 2 期·

食谱变化，使狼变狗

林之森

　　狗固然是喜欢吃肉的，你要是扔给它一块猪排，它会很高兴，但要是给它一块土豆，它嗅一嗅，也会不太情愿地吃下去。这就是说，狗的食谱里也包含淀粉类食物。狼就完全不同了，它们是完全食肉的，它们的胃可消化不了土豆的淀粉。为什么狼和狗有这样的不同？

　　通过对狗和狼的全部基因组进行比较，科学家发现，两者大约有36段DNA具有明显的差别。其中一些基因涉及大脑的发育，而另一些涉及消化。在狗的基因组中，至少有3个与消化淀粉有关的基因都是狼所没有的。其中1个基因负责合成一种能把淀粉分解成单糖的酶，没有它狗就无法消化淀粉。科学家推测，这些基因拓宽了狗的祖先的食谱，在最终让狗学会吃淀粉类食物的过程中，发挥了举足轻重的作用。

追溯这些基因的出现，时间上刚好跟人类农业文明出现的前夕重合。那个时候，在人类的定居点附近，淀粉类食物的残渣和废物想必一定比较多，因此才吸引了一些狼。但只有那些进化出消化淀粉能力的狼，才最终被人类驯化，变成了狗。

·摘自《读者》（校园版）2015 年第 2 期·

十大新病种

猫 乱

在不可预测的未来，到底什么病原体会产生可怕的变异，什么技术会让人类的健康陷入困境或是导致人类退化，是一个很有趣的问题。根据目前的科技和社会发展趋势，以下新病种可能值得你警惕。

身份认同焦虑

当你的认知过程越来越依赖互联网时，具有人工智能的助手会变成你的全权代理，接手你懒得做的工作。慢慢地，这些"云端"的替身会学到你的行事方式，最终变成另一个你。无论是通过硬件还是软件，你们都有极大概率在网络空间里邂逅，这时，你如何分辨到底哪一部分属于真实的你？对于本来就具有多重身份的人，这个问题无疑会更复杂。

就如同当今年轻人多半失去了对家乡的认同感，未来人也会不断回到"我究竟是谁？从哪里来？要到哪里去？"这种哲学问题上来。

机器人恐惧症

在未来，当机器人融入我们的生活，做着我们的工作，行为举止越来越像人类，而且能力比人类更为强大时，部分人类可能会对它们产生严重的非理性恐惧。1970年日本机器人专家森政弘提出"恐怖谷理论"：人类对跟他们有某种程度上相似的机器人会有本能的排斥反应。当机器人的外表、动作与人接近到一个特定程度时，人会突然觉得机器人非常僵硬恐怖，看见机器人就会有面对行尸走肉的感觉。

自我刺激成瘾症

能随时引发极致体验的性爱芯片？听上去简直太棒了，但以大多数人的意志力，可能没法保证适度使用。早在2008年，神经科学家就成功地在老鼠的眼窝前额皮质中植入芯片，让老鼠自行控制开关，向其快感中心发出微小刺激。结果老鼠乐此不疲地拨弄开关，宁可饿死也不肯停下来。

其实相似的手术人类也实践过，比如丘脑刺激术，即在丘脑的前部、中央核、海马体等部位埋藏电极，进行电刺激以治疗部分顽固疼痛、癫痫和帕金森病等。由于丘脑也负责多肽类神经激素的释放，包括多种涉及性和爱的促性腺激素释放素，因此，这种方法也可能引发爱情的满足感和性兴奋。

纳米中毒性休克

用纳米材料做成的器件跟人类健康有什么关系？当然有！纳米材料多数都是分子级别的，它们很容易在环境中通过食物链产生生物富集。人类无法避免地接触到纳米污染物后，很可能会出现各种问题，包括细胞和 DNA 的损伤。

那些注入人体的、具有特殊功能的纳米器件也可能带来麻烦。劣质纳米机器人会把药物输送到错误的区域，或者以无法预知的方式在人体内自毁；如果程序出了岔子，它们要么会损伤正常组织，要么开始疯狂地自我复制，将人体整个吞噬，这便是"灰雾灾难"（一种假想的世界灭亡方式，纳米机器人在失控的自我复制中将世界吞噬）。另外，跟机械移植一样，纳米器件也有可能带来免疫排斥，严重的会导致人过敏性休克。

未来休克症

想象一下千万年之后，你睁开双眼，从冷冻箱中醒来的情形。根据解冻方式的不同，你可能会是一个"赛博格"（半机械人），周围充斥着后人类物种；或者，你的肉体已经不存在了，成了在超级计算机模拟环境中的一个虚拟人。

无论哪一种，对你这个从 21 世纪穿越过去的"原始人"来说，都不会是愉快的体验。你谁也不认识，对未来的技能一无所知，更别提融入社会了。最严重的是，你也许对自己的新生命也充满排斥，只想钻回冷冻箱。针对这一系列的"未来休克"症状，治疗方案倒不复杂：请人把最新的生存指南打包输入你的大脑，或者报名参加社会融入课程吧。

解离性现实障碍

这是虚拟现实带来的另一种后果：虚拟现实是如此逼真，以至于人们没法把它和物理存在的客观现实区分开来。这种病患者会觉得自己变成了《黑客帝国》或《楚门的世界》里的主人公，整天被这样的问题折磨：我所看到的这一切，究竟是真实的，还是现实的一个精巧复制品？

这种迷乱在人际交往中同样存在，当你发现自己第 101 次嘀咕"我究竟是在跟人说话，还是在和一台智能机器讲话"的时候，也许就该约医生聊一聊了。

虚拟现实成瘾症

在未来，虚拟现实技术能提供的体验会炫酷得多，也更容易掌控，所以，就算你的人生足够有趣，也很可能无法抗拒它，就像过去的网瘾症和网游深度依赖症一样。到那时，虚拟的现实会让你对真实的生活无所适从。

最新的病例已经有了：一位来自美国圣地亚哥的 31 岁海军士兵，每天 18 个小时都戴着谷歌眼镜，除了睡觉和洗澡。结果他连睡觉都会梦到自己戴着谷歌眼镜，一摘掉就变得非常暴躁，如今只好住院接受治疗。

机械移植败血症

迄今，我们还不清楚机械移植会对人体产生怎样的长期影响。一些移植部位可能会带来严重的过敏反应，或者夸张的免疫排斥，而植入体和周围组织的相互作用又会带来感染、炎症和疼痛，甚至影响到机体的正常运作。最可怕的后果是植入体被腐蚀、被降解，并产生致命的毒素，或者导致全身感染。

超智能引发的精神失常

人类社会对智力的推崇，会让我们想方设法利用生物技术来提高认知能力，比如基因组学、益智药和机械移植等。问题在于，人类追求的仅仅是一种非常狭隘的智力，即量化智商IQ，就如神经生物学家马克·钱吉齐所说："用来下象棋和做脑筋急转弯的智力。"

极致的认知力可能会带来不适，因为人类心理的进化根本跟不上认知发展的节奏。如果你执意强化大脑，即使不像《超体》里的露西那样消失，也可能会产生一系列反社会行为，或是陷入彻底的精神错乱，包括精神分裂、癫痫、信息超载、焦虑、存在感危机、自大狂和疏离感。

长寿倦怠症

如果人类克服了衰老，你敢保证自己不会对无限长的生命感到绝望吗？不会对生活产生疲倦感吗？对那些已经活了几个世纪的"老人"来说，生活也许每天都是影片重放。另外，缺少了时间的流逝感和年龄增长的危机感，拖延症也会前所未有地流行，并且无药可治。永恒即停滞，这种倦怠症在老龄化的大环境中更容易流行开来，导致广泛的心理健康危机。

·摘自《读者》（校园版）2015年第8期·

召集细菌，杀向癌症

张 渺

深灰的底色上，一圈不规则的五角亮蓝色波纹缓缓出现，轻轻抖动几下，突然层层荡漾开来，如火焰一般，绽放出夺目的光芒。

"我们将这部影片命名为《超新星》，因为它拍摄的实验看起来就像一颗星星在爆炸。"在两个月前的 TED 大会上，麻省理工学院生物学博士后塔尔·达尼诺如是说，并展示了他的实验成果：一些"美丽"的细菌。

这些美丽的图案，居然是令人谈之皱眉的细菌。让我们先忘掉它们的身份，仅从画面上欣赏这些活跃的小东西吧。

翻涌的水花凭空出现，一边发光一边洒落，细密的蓝色线条铺满画面，直到落至屏幕下方，一切黯淡下去；在另一片漆黑的背景中，蓝色光球横切而过，拖着一串淡淡的尾迹，微颤着散开……

这些犹如科幻电影般炫目的"特效"画面，都是由细菌们"真人"出演的。"导演"塔尔·达尼诺以它们为荣，如果奥斯卡小金人肯颁奖给细菌，他没准也会为它们争取一下。

达尼诺的细菌们之所以如同被加了特效，是因为他给它们编了程序："就像给电脑编程一样。"

这位生物学家所创建的第一个细菌编程项目蓝图，看上去就像某种体育游戏的示意图。达尼诺就像编写软件一样，用不同的算法和程序，将 DNA 导入细菌内部，使细菌们按照他的设想，有规律地合成荧光蛋白——这正是细菌们在镜头下大放异彩的原因。

当然，如果只是呆呆地在原地发着光，这些迷人的小细菌是无法"舞动奇迹"的。达尼诺的编程还能向每个细菌发送指令；让它们如同听话的士兵，乖乖分泌出一种小分子，往来穿梭于数以千计的细菌之间传递信息，告诉它们"来吧宝贝，该发光了"，或者"嗨，现在应该黯淡一些才好看"。

与此同时，细菌们能够交流并且实现同步运动，最终演绎出各式各样炫目的图案。

那些不断翻涌的"水花"是一种不断增长的菌群，只有人类一根头发的直径那么大。在规模更大的菌群之间，运动波得以产生，例如那个划过屏幕的"光球"，以及开头的"超新星"。而荡漾的波纹是一种被称为"群体感应"的现象，一旦菌群达到密度值的临界点，就能够产生相互协调甚至传染性的行为。

达尼诺并不仅仅满足于用编了程的细菌玩艺术。在他看来，这些听话又迷人的小东西显然大有可为。

"你身体里的细菌比整个银河系的星星还要多。"他试着强调，"壮美的细菌小宇宙是人体健康必不可少的部分。"达尼诺决定试着让它们成为人体的卫兵，探测和治疗身体里的疾病，例如癌症。

那将是一支真正的"细菌部队"——不再借人类之手残害生命，而是通过人类的智慧，为生命带来健康的福祉。

用细菌对付癌症的想法，在生物学和医学领域早不是狂想了，也绝对不是"放弃治疗"的自杀行为。早在200多年前，就有医生注意到，细菌感染有时会减缓甚至根除肿瘤。由于细菌能够在肿瘤里自然生长，近年来，世界各地的许多研究者，都在试图找到用细菌消灭癌细胞的可行手段。

达尼诺是其中一员，他和他的团队选择了益生菌，这是一种有利于健康的安全菌种。他们用老鼠做实验时发现，益生菌会选择性地生长于肝脏肿瘤中。

为此，达尼诺专门编写了程序，使这些益生菌能够分泌一种可以改变尿液颜色的小分子，从而成为"显示肿瘤所在位置的最便捷途径"，以对抗肝癌早期很难进行检测的特性。

截至目前，达尼诺的"细菌部队"还只能起到快速预测的作用。不过，对于美丽细菌们的发展前景，这位生物学家可是十分看好。他对这个微型世界的"美好与用途"充满期盼，希望它能为未来的癌症研究"激发新颖且富有创造性的方法"。

达尼诺正在努力让人们改变对细菌的不良印象。为此，他与艺术家们合作，给细菌拍了写真集，还与服装设计师联手，共同打造了一款名为"在黑夜中闪光"的裙子。

这条裙子上布满了可以探测癌症的细菌，关上灯后，它们闪现荧光，看起来没有任何令人恐惧的杀伤力，只有美丽。

·摘自《读者》(校园版) 2015 年第 15 期·

掩藏在世界名画中的医学真相

唐闻佳

十几年前，一位年轻的中国医生在法国罗浮宫里连续待了三天。每天早晨，他背着一根长棍面包和一瓶矿泉水排队入场，直到傍晚时分才离开。"那时没有好的照相机，只能静静地站着看。对理性的追求、对人文的关怀、对科学的执着……许多情愫涌上心头。"多年后，上海交通大学医学院副院长黄钢教授依然对此津津乐道。他没想到的是，十几年后的今天，他还要向这些名画"搬救兵"，弥补当今医学教育的缺失。他在上海交通大学医学院开设了一门新课：名画中的医学。

蒙娜丽莎微笑的诞生

2011年11月的一天，黄钢教授兴奋地打开PPT，第一幅画是伦勃朗

的《杜普教授的解剖学课》。他说："这是一幅绘于 1632 年的画作。当时
26 岁的伦勃朗,应阿姆斯特丹外科医生行业协会的邀请,绘制团体肖像画。
伦勃朗通过解剖课的一个讲解场景,画下医生们富有动感的肖像,一举
成名。在很多人看来,伦勃朗的画风具有划时代的意义;但从医学的角
度看,这幅画也记录下一个重要变革:解剖学的出现。"但解剖学的出现
并不是一帆风顺的。

在中世纪,人体解剖是禁忌,有限的解剖知识主要来自盖仑的解剖书,
而后者主要通过解剖动物推断人的相关脏器状态,错误不言而喻。当时
有一名学生叫维萨里,就读于巴黎大学医科专业。他对盖仑的解剖书高
度怀疑,为此,他常到无名墓地取出骨骼,或从绞刑架上收走无人认领
的尸体,自行解剖研究。由于种种异端行为,他被巴黎大学开除。1543 年,
维萨里公布《人体构造》一书,真正翻开了人体解剖学的第一页。这种
实践精神在达·芬奇身上更为典型。在维萨里之前,达·芬奇就做了较
为系统地人体解剖学研究。他的名画《蒙娜丽莎》从解剖学的角度来看,
人微笑时,嘴角和双眼会因肌肉的带动而微微上翘,但在这幅画里没有
出现这一现象,主人公的嘴角和双眼被蒙上一层薄纱,神秘的微笑由此
诞生。

理发店门前的"红白蓝"

16 世纪以前,外科还被称为"理发匠的技艺"。理发师不仅理发,也
兼顾拔牙。当时的内科医生手指干净,头戴假发,相比之下,外科医生
总在处理污浊的坏死组织及肿块,使用的是刀锯等"恐怖"的器械。在
没有麻醉剂的年代,这种场面令人毛骨悚然。不少学医的人也是过了很
久才知道,理发店门前的滚筒最早只有"红白"两色,暗示着医学与理

发业曾经的"交集"：白色代表干净的绷带，红色代表被血染红的绷带。另一种说法是："红白蓝"三色滚筒中，红色代表动脉，蓝色代表静脉，白色代表绷带。

1540年，外科迎来了里程碑式的进步，它被允许加盟到理发师协会，成立了理发师外科联合协会。直到19世纪，外科医生才逐渐摆脱与理发师和放血者之间的微妙联系。在此期间，外科的巨变被记录在了画布上。伊金斯的杰作《大诊所》是一幅19世纪70年代美国外科的快照，展示了当时著名的外科教授格罗斯将要进行的骨髓炎手术。

仔细从画面上看，患者正在接受麻醉，但外科医生们穿的却是日常便服，没有手术专用服、口罩和手套，未消毒的器械被随意摆放和使用，周围有很多人像看戏一样坐在旁边。这就是当时的外科手术环境。有意思的是，黄钢找到了伊金斯10年后的又一幅画作《阿格纽的临床教学》——这是一台乳腺疾病手术，依然是在剧场中实施，但医生穿上了手术服。

帮助孕妇生孩子的"麦子"

新学期开学，黄钢教授饶有兴致地准备了一组匈牙利民俗画《秋收的喜悦》，准备讲授名画中的医学。在这组图画中，人们享受着秋收后的果实，开心地蹦蹦跳跳。不过，医生并不这样看。"这不是高兴，而是精神狂躁症！"黄钢教授分析，这幅民俗画真实地反映了当时的社会风情。画面上，麦子被堆在狭窄、潮湿的空间里，很容易霉变，诱发黄曲霉素。如果把这些霉变的麦子磨成粉，烤成面包，毒素就会变成麦角碱——这是一种高度动脉血管收缩剂和中枢神经兴奋剂，这才是在画中人们蹦蹦跳跳的原因。而长期食用麦角碱，动脉血管会收缩，尤其是小腿部分容易坏死，最后只能截肢——画面中的有些人是断腿的，这是因为麦角碱中毒。这种症状在 16 世纪和 17 世纪的欧洲非常流行。后来，人们从发霉的大麦中提取了麦角碱，现在产妇生孩子时如果不顺利，滴一点麦角碱就能促进子宫收缩——它成了一种药。

从一组民俗画中就可以看出疾病的流行病学的发展过程、新的病症如何诞生、发病机理、保健防病知识、食品储存方式、新药发明历程，等等。如此授课，让医学变得有趣。

在黄钢教授的"医学眼"看来，爱德华·蒙克动感十足的画作，比如《呐喊》，整个画面是扭曲的，很可能是他精神失常后引发的幻视；而凡·高采用单色调、大面积黄色绘制的画作《向日葵》，很可能是因为受到了精神类药物的影响。早期的精神类药物容易引发"视黄症"，让患者只对黄色有反应。

·摘自《读者》（校园版）2015 年第 16 期·

电子仙豆

李忠东

肥胖是人体能量摄入和消耗失衡的结果：当人进食的能量多于消耗量时，营养最终转化为脂肪储存于体内，经过一段时间后体重明显增加，形成肥胖。饮食因素是肥胖中的关键因素。不管吃什么，只要总热量超过了身体的需要，就会发胖。

减肥就是想方设法使摄入的热量少于消耗量——说白了就是必须少吃东西，但饥饿的感觉绝对不好受。以色列的一个研究团队最近开发出的一种电子药丸，帮助有需要的人控制食欲。这种电子减肥药丸吃一颗就不会饿，其原理是欺骗大脑中的迷走神经，使大脑对饱胀或饥饿产生错误的感觉。

电子药丸和胃起搏器的作用相同，都是通过抑制食欲来减肥。胃起搏器通过手术植入胃里，与将神经信号从胃部发送至下丘脑的摄食中枢的迷走神经连接。在侦测到食物进入胃部时，胃起搏器就会向迷走神经发送低压电脉冲信号，告诉大脑胃里已满。而电子药丸则只需吞服即可起效。药丸到达胃部后几分钟，就会释放无毒无害的细网，以防止自己进入肠道。随后，医师会用体外磁场将药丸引导到接近迷走神经的位置。当食物进入胃部而引起胃部肌肉收缩时，电子药丸便会通过迷走神经向大脑释放抑制食欲的信号。电子药丸会在三四周后分解——胃酸能把电子药丸的外壳和释放的细网溶解，随其他废物一起排出体外。如果病人还需要减肥，可以视情况继续使用电子药丸。

·摘自《读者》（校园版）2015 年第 20 期·

谁是海洋气味的制造者

徐莹莹

　　闭上你的眼睛想象着如天堂般的假日:悠闲地坐在太阳伞下品尝手中的冷饮,静静地欣赏膝盖上的侦探小说,尽情地聆听有节奏的海浪声,感受那沁人心脾的海水味……那么,海水的气味有什么独特的地方呢?它是怎么产生的呢?

　　到过海边的人都知道,海水的气味咸咸的,带有淡淡的硫黄的味道。这种味道是由一种被称为二甲基硫醚的硫化物产生的。

　　科学家早就知道,海洋中的球石藻能制造出海洋的气味,但是一直不清楚它们是如何制造出气味的。最近,一个以色列的科学家团队解决了这个问题。他们发现球石藻中有一种名为 Alaml 的基因,当盐度和温度合适时,球石藻就会在 Alaml 基因和酶的作用下产生二甲基硫醚。尤其是在它们的生长后期和死亡时，制造的二甲基硫醚最多，而且球石藻在全球分布很广，所以它们是海洋气味的制造大户。当然还有其他的一些海洋生物存在类似的基因，它们可能也像球石藻一样是海洋味道的制造者。

海洋的味道不仅仅是为我们的海滩时光增加了浪漫的气息，它还有更大的作用。一方面，二甲基硫醚能维持海洋的碱度平衡，如果没有这种物质，海洋中的浮游植物就会被咸死。另一方面，藻类、浮游生物和其他一些海洋生物死亡之后，会被分解，而分解的过程中也会产生二甲基硫醚。对于小鱼、海鸟和一些以浮游生物为食的海洋生物来说，二甲基硫醚的含量高，说明这个地方可能有大量的浮游生物死亡，这就相当于给它们发出了邀请——快来吃饭！当然啦，对于藻类、浮游生物和其他一些海洋生物的同类来说，这可不是"饭局"的邀请，而是警示自己的同类：这里有危险，赶紧绕道。因为那些藻类也许是被病毒感染而"病死"的。

更重要的是，二甲基硫醚中的硫会散布在大气中，并缓慢渗透到大气层，从而促进云的形成，最终影响地球的气候。

·摘自《读者》（校园版）2015 年第 23 期·

调皮的孩子有"CEO 基因"

玉　琳

　　有研究表明，成绩不好的学生长大后往往比较有成就，这些学生通常不按常理出牌，并且喜欢不断尝试，都是有勇气面对失败的人。为什么这些人会有这些行为呢？科学家根据研究指出，其实他们的基因在本质上就与众不同！调皮、爱翘课的孩子具有"CEO 基因"。所以，家有淘气的孩子，先别头疼，他长大后可能是下一个比尔·盖茨呢！

　　一项最新的研究指出，那些在学校期间比较顽皮的学生，通常具有"CEO 基因"。这种特殊的基因排序会与他们"不守规矩"的行为产生关联，而此基因也会使他们在未来展现出领袖特质，在职场上有更突出的表现。

　　研究同时也敲响警钟，即便具有特殊基因的学生，还是有可能因家庭教养、学校教育而有不同的表现。另外，这种"不守规矩"的行为依旧会因环境而有所偏差，导致"CEO 基因"的拥有者往后的职场发展不顺。

这份研究报告是堪萨斯州立大学心理学教授李文东通过对 1.3 万名成人的调查得来的，他发现负责大脑的感觉和兴奋等情绪的神经传导物质——多巴胺当中的"DAT1 基因"是关键。

李文东教授指出，这种温和的违规行为包括像翘课这类的行为，不会严重到做出犯罪那种离经叛道的事情。他相信具有"DAT1 基因"的人，往往不会将自己限制在某种范围内，他们善于挑战自己，将视野拓展得更宽广。

李文东教授说："温和的违规行为，其实与人们在成年期时成为领导者具有正相关性，它提供给人们一种优势，促使成年人不断探索和学习新的事物。也就是说，那些有一点点小叛逆性格的人更容易成为领导者。"

不过"DAT1 基因"另一方面，也可能导致性格上的飘忽不定，前后不一致，甚至自私。同时，因他们不怎么规范自身的行为，也不会积极地改变，而这些是一个领导者不该有的特质。

从这项研究中可以知道，想成为一名领导者涉及两项主要因素：基因和环境。基因对于领导者的养成有正面和负面的影响；在环境因素中，若有双亲的支持培养和他人的合作，那么顽皮的孩子确实有较大的可能走向领导者之路。

"恐惧"基因

蒋骁飞

生物学家发现，幼鼠哪怕从未见过猫，但它们一嗅到猫的气味或者远远听到猫叫，就会迅速逃跑，这意味着老鼠天生怕猫。老鼠为何天生怕猫？美国西北大学一项关于嗅觉受体的研究表明，造成"老鼠怕猫"行为的关键，是一种名为 TAAR 的基因，这种基因使老鼠具有本能地避开捕食者气味的能力。科学家培育出了缺少全部 14 个 TAAR 基因的老鼠，这些老鼠和正常老鼠在行为上有很大的不同——它们见到猫不再惧怕，甚至毫无反应，像见到同类一样与之亲密接触。

研究人员还发现，在所有的哺乳动物中都存在类似 TAAR 这样的"恐惧"基因，人类也一样。绝大多数人天生怕蛇，科学家认为这可能与人类早期的穴居有关，穴居的人类极易遭到毒蛇的攻击，有"恐惧"基因的人会本能地躲开毒蛇的伤害。这意味着有"恐惧"基因的人生存能力更强。

如果动物缺乏"恐惧"基因，它们就会无所畏惧，但这绝不是一件好事！没有畏惧，就没有保护自我的逃避行为；没有逃避，就极易成为天敌的口中之物，这样的物种极容易灭绝。看来，"恐惧"并不一定是坏事，它让动物保持了一份必要的警惕；"逃避"也并不全是懦弱，它有时是一种生存策略。

·摘自《读者》（校园版）2015 年第 24 期·

一包薯片里，气体占多少

小　南

为啥薯片袋子里有那么多空气？

虽然你有一种被奸商欺骗了的感觉，但为了避免你打开袋子时发现一包碎渣，充气的确是有必要的，而且，袋子里充的是氮气而不是空气。

薯片袋子里的氮气究竟占去了多少体积？直觉告诉你应该超过一半。为了搞清楚具体的数字，家住纽约布鲁克林的艺术家哈格里夫斯做了一系列的实验。他先用排水法测出了一袋原味乐事薯片的总体积，然后把里面的薯片倒出来，真空包装后又测了一次。答案是：气体大概占86%，也就是说袋子里的薯片体积不到1/6。

对此感到愤怒的当然不止哈格里夫斯一人。2014年9月，两名韩国男青年用160袋薯片做了一只筏子，并且成功在首尔蚕室大桥附近横渡了汉江,将近 200 名群众围观了这一旨在抗议生产商过度包装的活动。

那么,为什么薯片袋子里要装氮气呢?薯片如果跟氧气长时间接触,其中大量的脂肪酸就会被氧化,散发出一股俗称"哈喇味儿"的腐败味道。另外,空气中的水分不但会让薯片受潮,还会让细菌滋生。所以,薯片在包装过程中,要经过一道氮气冲洗的程序。1994 年的一项研究也证明,这样做能保持薯片的爽脆和新鲜的口感。

至于为什么要充得鼓鼓囊囊,因为这确实能起到缓冲作用,而且能帮薯片适应气压的变化。为了避免消费者误会,质检部门要求所有充气包装的食物必须写明净含量,可惜人类天生对质量或者体积没有直观的概念(如果你不信,那么请现场估计一下 235 克薯片的体积)。所以,不管这个数字有多显眼,绝大多数人打开包装的时候还是会嫌少。

哈格里夫斯偏偏不信这个邪,他在家做实验并且给出了自己的结论:就算包装袋里有足够的气体缓冲,还是会发生薯片碎掉的情况。他声称:"真空包装也不会弄碎薯片,而且显然非常高效环保。"

鉴于哈格里夫斯的实验完全没有经过行业评审,实验结果也并未发表,因此,他的结论可信度仍然要打一个问号。贸易刊物《包装世界》副主编安吉尔表示,以食品科技发展到今天的程度看,要是生产商能找到其他更好、更省钱的包装方式,他们早就这么做了——一家卖热狗的公司仅仅是将包装袋缩短了几厘米,每年就省下了几百万美元的开销。

毕竟对他们来说,降低包装和运输成本,远远高于照顾你的情绪。况且像薯片这么诱人的食物,只要接受了这种包装的设定,消费者还是会继续购买的,不是吗?只是在打开包装的那一瞬间,会有一点小失望。

食物的兴奋点与理性

寇　研

食物当然是有兴奋点的，通俗一点讲，这兴奋点便是食物具有最佳口感的时刻。如在滚水里焯秋葵，必须时间、火候掌握得当，才能保有它的鲜脆，这原汁原味的鲜和脆，便是秋葵的兴奋点了。又如，对于薯片爱好者来说，薯片的兴奋点，莫不在于薯片与牙齿磕碰时的那一下明亮、爽利又有些孩子气的嘎嘣脆，这种咀嚼的快感，一直都是薯片的正确"打开方式"。

但你知道这嘎嘣脆是怎么出现的吗？远比常规的烹饪术语如"火候""适量"来得复杂，它涉及一台叫作"咀嚼模拟器"的听上去便让人"不明觉厉"的机器。早年间，某薯片公司为扩大销量，专门发明了这台机器"用以测试和完善薯片的口感，找出诸如最佳崩裂点这样的东西"。研究结果显示，薯片大约在每平方米受到19.53千克的压力时，会呈现出完美嘎嘣脆的效果。一句话，即使一袋平常的薯片，也别小瞧了它，你吃的每一口，包括在何时嘎嘣脆，可都是动用数学和高科技，经过严格计算的。

在《汉堡统治世界？！》这本书中，作者乔治·瑞泽尔全面呈现了快餐食物制作过程中绝对至上的理性精神。比如薯条，规定每根薯条"要切成1厘米厚，并炸9个30秒"。再如烤汉堡包的操作步骤，仿佛比操作高压电都严格："汉堡包必须从左到右地移动，每次要烤6排，每排6个，共36个小馅饼。由于头两排离加热器具最远，烤架工必须每轮都先翻动第三排，然后第四排、第五排、第六排，最后再翻动前两排。"

如此详细、规范，无非是要保证每个汉堡包都有最佳的口感，达至其兴奋点。但想想还是会有些沮丧，就像电子技术的出现，改变并在某种程度上约束了人们的思维方式，经过严格理性计算的食物，也代表我们的口味其实不过是现代工业的一个小环节。这貌似又与流行个人主义的时代精神背道而驰，你非常骄傲地以为自己是"一个人，没有同类"，但事实上连你的味觉都在规范操作中被驯化了。

麦克尤恩的小说《追日》，简单说，讲的就是一个爱吃薯片的"吃货"科学家的故事。作为科学家，别尔德即便清楚自己所吃的每袋薯片里，"装满了洒着盐、工业化制作的营养素、防腐剂、水解膨松剂、高效增味剂、酸性调节剂和色素"，不过是一袋特殊风味的化学盛宴，但当他在火车上找到位置坐下，仍然急不可耐地开始享受。而坐在他对面的家伙，也是个薯片爱好者，居然时不时从他放在小桌上的薯片袋里偷走一片——"还可能是这一包里最大的一片"，就这样，两个男人你瞪我、我瞪你，你一块、我一块，抢着吃完了这包薯片。但直到下车，别尔德才愕然发现，自己买的那袋薯片还在包里没拿出来……

所以，这又是最有意思的地方，在精确计算过其兴奋点的垃圾零食面前，连最理性的科学家有时也无法保持理性。

·摘自《读者》（校园版）2016年第5期·

"完美人类"是什么样的

张珍真

"坏"基因也是"好"基因——胖子基因

有一个基因叫作 FTO 基因（FTO=Fat Massand Obesity Associated），它和人的饱腹感有关。这个基因发生异常的人，会在明明吃得足够多的时候还要继续吃、吃、吃。因为他们的饱腹感异常，不会立刻觉得饱。长此以往，这些人吃的总是比消耗的多，自然就成了胖子。

这是多么"可恶"的基因，可是很多人都携带着呢！以 FTO 上 3 个最常见的突变（rs1421085、rs1121980 和 rs17817449）为例，3 个位点的"正常"概率分别是：73.8%、65.0% 和 71.8%。这也就意味着，人群中约有 34.4% 的人饱腹感完全"正常"，其余 65.6% 的人或多或少存在一些饱腹感的异常。

为什么这种"坏"基因如此普遍？因为对于人类它也是"好"基因。正是这样的基因突变，当饥荒来临时，储存了更多能量的胖子得以生存，而没有过度进食的瘦子，就惨了。

"好"基因也是"坏"基因——乳糖不耐基因

《生活大爆炸》里，莱纳德因为乳糖不耐症被谢耳朵嘲笑。在我看来，这一点儿也不可笑，因为乳糖不耐症原本就是一个正常现象。所有的哺乳动物在还是幼崽时都以母乳为食，而乳糖酶可以帮助他们消化母乳中的乳糖。断奶以后，幼崽要么吃肉，要么吃素，不会再接触奶类了，那么继续合成乳糖酶无疑是一种浪费。正因为这样，一个名为 MCM6 的基因帮助调控乳糖酶的分泌，使得断奶后，幼崽体内的乳糖酶的含量急剧下降，甚至消失。

人类也是这样，乳糖不耐症基因其实就是使人类在成年后体内乳糖酶下降的关键。携带了 MCM6 基因 rs4988235、rs182549 突变的人，不能在体内持续产生乳糖酶，喝牛奶的时候也就感到各种难受了。东亚人中，这两个基因突变的概率都是 100%，而欧洲人只有 47% 左右的概率（所以中国患乳糖不耐症的人很多，但欧洲人中较少）。

你看，这本是一个"好"基因，只不过因为我们的生活方式发生了变化，所以正常的现象被当成了病症，"好"的基因被当作变异。

哦，可怜的莱纳德！

到底是"好"基因还是"坏"基因——肌肉爆发力与耐力

有一些基因突变，即使放在今日今时的环境下，也很难说哪个是"好"，哪个是"不好"。举个例子：肌肉类型。

肌肉爆发力与耐力的关键，就在ACTN3基因（编码 α - 辅肌动蛋白 -3 ）上，T 突变代表耐力，C 突变代表爆发力。TT 型的运动员更擅长长跑，CC 型的运动员更擅长短跑。

可是你要问："到底是像博尔特那样充满爆发力更好呢，还是像马拉松运动员那样以持久闻名更好呢？"

哪一种是"完美"基因？我也答不上来。

除了上面说到的这些外，像单眼皮、小眼睛、贫血症等这些令我们抓狂的"坏"基因，曾经是人类适应环境的方式。真实的世界不是极端政客或者疯狂科学家所盼望的那样整齐、统一、完美，相反，多样性才是我们能够生存至今的关键。那些令我们恼火的、抓狂的"坏"基因，不仅是我们某位共同祖先的"遗赠"，也是人类历史上进化至今的最优方案之一。

·摘自《读者》（校园版）2016 年第 14 期·

雨后小清新的气味从何而来

佚 名

雨后拍摄露珠是不是一件让人感觉很"小清新"的事情呢？还有雨后小清新的气味，简直不能更棒。那么，这种气味究竟从何而来？

雨后通常会有三种味道。

第一种，"清洁"味，特别是一场暴雨过后，这是臭氧在生成。臭氧本身散发着强烈的刺激性气味，通常认为它和氯的气味相近。

有些人会在暴雨来临前嗅到臭氧的气味。在雷雨到来前，闪电会将周围的氮分子和氧分子剥离出来。这会产生小规模的臭氧，然后它们被风带到了地面上。

大气层中的紫外线也会将氧气分解，自由的氧原子有时会和氧分子结合，形成臭氧。必须指出的是，我们说臭氧有刺激性气味并不是夸张；

只要浓度达到 10×10^{-9}（十亿分之一），一般人就能闻到臭氧独特的气味。虽然它（有时候）有着令人舒服的气味，但纯臭氧却是很危险的，而且浓度稍微高一点，它就能把你的肺给废了。幸运的是，雷雨前后臭氧的浓度基本不会对你造成持续性的影响。

第二种，重重的泥土味，特别是在久旱逢甘露和瓢泼大雨之后。这种气味是由泥土中的细菌产生的。

一些微生物，特别是链霉菌，会在极度干旱的情况下产生孢子。干旱时间越长，孢子就越多。而这种味道并不是孢子本身产生的，而是孢子在生成的过程中所释放的化学物质，这种化学物质名为"土臭素"。它和臭氧一样有着刺激性气味。浓度达到 5×10^{-12}（万亿分之五）时就能嗅到，这就是为什么那种气味在森林里如此之重。

第三种，不同植物分泌的油味。这些油积累着，直到下雨天，油中的一些物质和土臭素一起释放到空气中，形成令人熟悉而愉悦的香气。

到底是油里的哪些物质造成了"雨后气息"，目前我们还无法完全知晓。其中一种是 2-甲氧基-3-异丙基吡嗪，该物质 20 世纪 70 年代由 Nancy Gerber 分离出来，有着"雨后"的味道。

发邮件也能产生二氧化碳

佚 名

你可能没有意识到，即使发一封简短的邮件，都会对环境产生影响。据科学家们估算，一封邮件会增加 0.14 克的二氧化碳量，这就意味着发65 封邮件就相当于一辆普通小型汽车行驶 0.6 米所排放的二氧化碳量。

这个结果，是美国迈克菲公司研究计算出来的。在发邮件时，运行着的电脑、服务器和路由器都会产生温室气体。而接收一封垃圾邮件时，即使你没有打开邮件，它也会向环境排放 0.3 克的二氧化碳量。每年由垃圾邮件产生的全球二氧化碳总量，相当于 31 万辆轿车一年的排放量。

在日常生活中，许多看似对环境无害的人类活动，事实上都会排放二氧化碳，发邮件仅仅是其中之一。在一个高效能的平板电脑上，利用谷歌查询会产生 0.2 克的二氧化碳量，在一个老式笔记本电脑上，数量会更高，达到 4.5 克。发短信当然也不例外，一条短信会产生 0.014 克的二氧化碳量。在优酷上，用 24 英寸的屏幕看两个小时的电视所产生的二氧化碳，就相当于一辆车行驶 1.6 千米的排放量。

·摘自《读者》（校园版）2016 年第 15 期·

甜味剂的发现就是实验室里的作死史

钱 程

糖精的发现

一般认为，糖精的发现者是俄国人康斯坦丁·法赫伯格。这家伙在美国约翰·霍普金斯大学的一个实验室里负责分析糖的纯度。他并不是课题组的成员，而是被一家公司雇来做科研的。这家公司并没有自己的实验室，所以，只能在这所大学里完成实验。在实验完成之后，这哥们儿跟实验室里的其他人已经混得很熟了，于是就问实验室的研究员，能不能让他在这里做点别的实验，研究员欣然答应，从此，这哥们儿就开始了实验室的作死之路。

接下来，他做的实验是研究煤焦油的衍生物。故事从这里正式开始。

有一天他回家吃饭时，发现事情有点不对。

"哎，老婆，你今天的小面包里怎么加了那么多糖？"

"噢，真是见鬼，我向上帝发誓，我一点糖都没放。真是太不可思议了。好奇怪啊，今天的色拉怎么也这么甜？"

"别说了，快吃饭吧。"

吃完饭后，康斯坦丁·法赫伯格仍然觉得哪里有些不对。

细心的他舔了舔盘子的边缘。

细心的他又舔了舔自己的手指。

他好像突然明白了什么。

他掏出衣兜里的铅笔，舔了起来。

"问题就出在铅笔上！出在铅笔上！"康斯坦丁·法赫伯格大叫起来。

他不顾妻子的阻拦，冲向了实验室。

随后，高潮来了，这家伙到实验室以后，把他平时接触过的所有药品和实验产物都舔了一遍！

最后，功夫不负有心人，他终于发现，甜味来自他最近正在合成的一种化合物，叫"邻苯甲酰磺酰亚胺"，他给这种物质起了一个名字：Saccharin。取自拉丁文 saccharum，是蔗糖的意思。我们现在把这种物质叫作糖精。

然后这家伙干了一件很不厚道的事：虽然和导师共同发表了论文，但他用自己的名字单独申请了专利。但这都是后话了。

现在问题来了：请问这家伙在做实验的时候，违反了多少条实验室的安全规范？

（随便说几个：没有戴手套，实验前后不洗手，把实验室物品带回家，品尝实验室的药品和试剂，回家吃饭竟然还不洗手……）

如果他舔过的任意一种化合物有毒的话，估计他也撑不到发表论文和申请专利的时候了。

甜蜜素登场

1937年，美国伊利诺伊大学有个博士生叫麦克尔·斯维达，他的博士课题是研究一种新药的合成。

但这家伙有一个令人匪夷所思、完全无法直视、根本难以形容的习惯：边做实验边抽烟！

这可是药物化学实验室！

导师都到哪儿去了？这种事情不管吗？！

好的，背景说完了。下面说正题。

有一天，像往常一样，麦克尔·斯维达边抽烟边做实验。

"咦，这个反应好像有点儿不对。"

他顺手把烟斗放在了旁边的实验台上。

半分钟后，问题解决，实验得以继续进行。

这时，麦克尔·斯维达把烟斗帅气地从实验台上拿起，准备继续抽。

当他拿起来抽的时候，手指扫过了嘴唇——

"怎么这么甜？！"

于是他尝了尝实验产物。

"嗯，当时的事情就是这样。"接受采访的麦克尔·斯维达"傲娇"地说。

两年之后，麦克尔·斯维达获得了甜蜜素的专利，1951年美国批准了甜蜜素的使用。甜蜜素和糖精一样，吃起来也有一种苦味。但奇妙的是，当两者混合以后，各自的苦味竟然都消失了！从此甜蜜素被广泛应用。

无糖甜味剂——阿斯巴甜

大家熟悉的零度和健怡可乐用的就是这种甜味剂。比起上面两个作死先例，阿斯巴甜的发现就正常多了。

概括起来也就是一句话：詹姆斯·施拉特于 1965 年在西乐葆公司合成制作抑制溃疡药物时，无意间舔到手指，发现中间产物有甜味。

嗯，也是舔到了手指，这帮不怕死的"吃货"……

新型甜味剂——三氯蔗糖

20 世纪 70 年代在英国伊丽莎白女王学院，有一位印度研究生范德尼斯在导师的实验室研究杀虫剂。

为什么一定要提到是印度研究生呢？等一会儿你会明白的。

有一天，一个实验品是用 3 个氯原子取代了蔗糖的 3 个氢氧基团。

导师："你帮我把这个产物 test（测试）一下吧。"

范德尼斯："什么？要我 taste（品尝）一下产物？那好吧，我试试。"

真正的勇士范德尼斯丝毫不怕合成该化合物的硫酰氯有剧毒，居然真的回到实验室，戳了一指头的该化合物，放进嘴里舔了起来。"真甜啊！"他露出了满意的微笑。回来后，他兴奋地向导师报告 taste 结果，然后被骂了一顿。

之后，导师觉得这实验反正一直没什么结果，看来做杀虫剂已经不太靠谱了，那我们就改做甜味剂吧。

很快实验就取得了成功。

这个故事告诉我们，学好一口纯正的英语口语是多重要。

在此向那些在实验室里勇于作死、"作"出花样并且保持创新的科学家致以崇高的敬意以及由衷的钦佩！

当然，他们的作死经历绝对不值得鼓励。

后来的事情就是 G 蛋白偶联受体的发现，至此，我们终于对甜味形成的分子机制有了足够的了解，可以从分子层面判断一样东西到底甜不甜了。

舔实验产物的日子终于一去不复返。

·摘自《读者》（校园版）2016 年第 21 期·

科学家把二氧化碳变成"石头"

佚 名

在全球变暖的背景下，怎样处理不断增加的二氧化碳排放是一个世界性的难题。一个国际科研小组解决了这个问题，他们把二氧化碳注入地下玄武岩层，并借助自然化学反应，将二氧化碳转化为固态碳酸盐。

该项目由美国哥伦比亚大学、冰岛大学、冰岛雷克雅未克能源公司、英国南安普敦大学等机构联合实施。研究人员先把此前收集的二氧化碳与水混合，然后注入地下 400~800 米深处的玄武岩层中。

"我们的研究结果显示，所注入的二氧化碳含量的 95% ~ 98% 在不到两年内便发生了钙化（即转化为固态碳酸盐）。"南安普敦大学地质工程学副教授于尔格·马特说。

马特解释道："固态碳酸盐矿物质没有泄漏的风险，因此，这种方式可以永久且对环境无害地封存二氧化碳。"

第六感的基因证据

袁 越

人类有五种基本的感觉功能，分别是视觉、听觉、触觉、嗅觉和味觉，这是没有争议的。但有人坚持认为人类还有一种神秘的第六感，可以感知貌似无形的物体。好莱坞甚至还拍摄过一部同名电影，声称有人可以见到死去的人，甚至可以和他们对话，这就不靠谱了。

不过，科学界确实有"第六感"一说，指的是人类对于自身空间位置的感觉，科学术语称为"本体感受"（Proprioception）。这个第六感很难用简单通俗的语言加以描述，一是因为这是关于自己身体的感觉，大家都见怪不怪了；二是因为这种感觉的形成机制较为复杂，需要动用全身的感觉器官（尤其是触觉）来完成，不像其他五种感觉那样有专门的器官负责执行。

任何一种生物性状，如果难以研究，那就试试去掉它，看看失去这种性状后会有怎样的表现。天生缺乏第六感的人很难找，美国国立卫生研究院（NIH）的儿童神经生理学家卡斯滕·伯内曼教授有幸找到了两位。两个人都是女性，一个9岁，另一个19岁。最初两人是因为髋关节、手指、脚趾和脊柱都存在不同程度的变形而引起医生注意的，伯内曼发现她俩还有一些共同的症状，包括走路不稳、四肢动作不协调，等等，临床表现极为相似，很可能患上了同一种遗传病。

伯内曼教授测量了两人的基因组序列，发现两人的PIEZO2基因均发生了变异，导致这个基因失去了活性。这个PIEZO2基因早就有人研究过，发现它和触觉的形成有关系。小鼠体内也有一个类似的基因，于是研究人员曾经尝试把小鼠体内的PIEZO2基因去掉，看看结果会怎样，谁知被去除了PIEZO2基因的小鼠无一例外全都死亡了，研究无法进行。

奇妙的是，失去了这个基因的两个女孩不但活着，而且身体大致健康，这就引起了伯内曼教授极大的兴趣。进一步研究后发现，两人的皮肤感觉功能都有问题，感觉不到震动的音叉。如果用软毛刷子轻轻刷过两人的手掌心，两人都感觉不到。但如果用软毛刷子轻轻刷过有汗毛的皮肤，两人虽然可以感觉得到，但感觉像有人拿小针扎似的，而不是像大多数人那样会有一种美好的感觉。

接下来的一系列测试结果更让人震惊。两个女孩在睁眼的情况下走路虽然不太稳，但不仔细看是看不出来的。如果将两人的双眼蒙住，结果两人别说走路了，就连站都站不住，必须有人搀扶才不至于摔倒。在另一项测试中，研究人员让两人把手指先放在自己的鼻尖，然后再伸出去触碰鼻尖前面不远处的物体，在睁眼情况下两人都很容易完成这个动作，如果闭眼的话，正常人大都也能轻松地完成，但她俩完全不行，伸出去的手距离鼻尖前的物体很远。

最后，研究人员把两个女孩的双眼蒙住，然后用手抓起两人的小臂，要么向上举，要么向下放，两位受试者居然分辨不清自己的小臂到底处于哪个位置，这说明两人对于自己身体的空间位置完全没有知觉。

伯内曼教授将研究结果写成论文，发表在2016年9月21日出版的《新英格兰医学杂志》上。伯内曼认为，他发现的这个PIEZO2就是科学界寻找已久的第六感基因，缺乏这个基因的人对于温度和刺痛的感觉都正常，但缺乏触感，这导致其对于自己身体的空间位置没有任何概念。这样的人之所以脊柱和手指等部位会出现弯曲变形的现象，原因就在于其发育期间身体感觉不到骨骼的正确位置，最后只能"瞎长"了。

伯内曼教授在论文中指出，人类的很多动作其实都需要第六感，比如弹钢琴、打字和驾驶汽车时的换挡动作，都不必用眼睛去看，凭感觉就知道手应该往哪里放、在哪里用力，缺乏第六感的人是做不出这些动作的。

进一步说，伯内曼教授认为PIEZO2基因在人类群体中存在不同的亚型，导致不同的人对于自己身体位置的感知能力存在差异，其结果就是有的人做动作时总显得非常笨拙，另外一些人却表现得极为敏捷。这一点尤其值得广大中小学体育老师注意，以后再遇到"笨拙"的学生不要轻易责骂，他们很可能天生缺乏这方面的能力。

·摘自《读者》（校园版）2017年第1期·

DNA 的奇妙用途

许财翼

最近几十年里，遗传学给人们的生产、生活带来了许多革命性的进步，给农业、刑侦、司法、医学等领域也提供了巨大的帮助。由于 DNA 分子信息储存量巨大，且保存时间长达上千年，未来它还会给更多领域带来进步，比如美术、考古学和计算机科学，DNA 的应用领域将越来越广泛。

识破伪装，复活古人

人类的头发、瞳孔、皮肤的颜色，以及面部长相都由基因控制，因此只要知道一个人的 DNA，就能知道他长什么样。

首先，这对警察破案非常有帮助。美国有一名惯犯，绰号"爬山虎"，他经常蒙面作案，深夜潜入居民家中。警察追捕他很多年一直苦无线索，而且由于没有掌握他的任何面部信息，因此无法张贴通缉告示。

不过，最近科学家从案发现场提取了"爬山虎"的DNA，并试图从DNA着手勾勒他的长相，将之捉拿归案。目前这项技术还处于初始阶段，绘制不出高分辨率的人脸图像，但它可以帮助我们确定罪犯的某些重要特征，并且规避人为因素的误差。比如有些目击者在事后录制口供时，会因个人喜好在对嫌犯进行描述时添枝加叶；有些受害人因突遭"侵犯"而恐惧，可能会遗忘某些重要细节。在新技术的帮助下，这些弊端都能规避。

其次，这种面部分析技术也可以应用于考古学。英国历史上有一位理查德三世国王，在位时间很短，也没有遗留画像，后世对他的描绘是长着黑色头发，有着青灰色眼睛。近期考古学家在英国一个停车场地底下发现了他的遗骸，科学家从中采集DNA分析后发现，理查德三世的眼睛有96%的概率为蓝色，头发有77%的概率为金色。

同样借助这项技术，科学家能勾勒出两万多年前尼安德特人的外貌特征，他们很可能长着红色的头发和白皙的皮肤。而且通过DNA技术，科学家还可以复活猛犸象、渡渡鸟及其他灭绝物种，只要从遗骸中能提取到它们的DNA，并进行测序，就可以借近亲物种孕育并复活它们，比如在大象体内孕育猛犸象幼仔。理论上，如果以现代人类代孕，科学家相信可以复活一个红头发的尼安德特人。至于复活恐龙则不太可能，因为恐龙在6500万年前灭绝后，它们的DNA早已在漫长的历史中降解为碎片，无法复原。

鉴别食物与名画真伪

鸡鸭牛羊肉很好分辨，可是鱼的种类太多，市面上的价格差别也大，如果以次充好，我们是很难分辨出来的。我们该怎么办？

DNA 代码分析就可以识破真相。只要从鱼肉中提取 DNA 并测序，科学家就能立刻分辨鱼的种类，而且很容易操作。未来随着科技进步，检测工具将被简化为一种手持设备——DNA 识别器。届时，十几岁的孩子也能用这种设备来分辨鱼的种类，用来检验饭店是否有欺诈行为，是否以次充好。我们买东西时，也可以用这种设备来检验是否买到了货真价实的商品，比如珍贵又难分辨的蓝鳍金枪鱼。

除了鉴别食物的真伪，DNA 代码分析还可以用于鉴别艺术品的真伪。全球艺术品市场每年的交易额高达数十亿美元，但专家估计其中 40% 是仿冒品。专业鉴定机构固然可以鉴别真伪，但俗话说"道高一尺，魔高一丈"，如果伪造者技艺精湛，仿冒品完全有可能蒙混过关。

为此，科学家建议在艺术品上附一个小小的塑料标记，标记里含有特定的 DNA 代码。这个 DNA 代码不是艺术家自己的，因为伪造者可以从他的衣服、头发甚至垃圾里获取到艺术家的 DNA，便于造假。相反，这个特定代码可以是来自其他某种物质的 DNA 片段，这样的 DNA 就不容易获取。将来鉴别真伪时，只需从塑料标记中提取 DNA，然后对照数据库里的信息，两者如果吻合，就表明这件艺术品是正品。

纺织黄金，防范病毒

目前在发达国家，DNA 已成为一种时尚的艺术媒介。DNA 是一串长长的双螺旋结构，由四种核苷酸构成。这四种核苷酸排列有序，可分别用 A、C、G 和 T 代表。为此有的科学家编写了电脑程序，能把 A、C、G 和 T 的有序排列"翻译"成音符的有序排列，如哆、来、咪、发等，这就是我们人类能理解的乐谱。

有的艺术家利用基因技术创作艺术作品，比如荧光海岸绘画，染料里面掺入了一种转基因细菌，它们在一定条件下可以发光。因此，这些细菌一旦发光，整幅绘画就闪闪发亮，像真正的荧光海岸一样。

美国和日本科学家研发培育了转基因桑蚕，这种蚕所吐的蚕丝具有多重特性，如兼具蜘蛛丝的坚韧、延展特性，以及水母的荧光特性。在一部古老的法国童话故事里，女孩借助精灵的力量，把稻草像纺纱一样纺成黄金。或许这些科学家也能通过转基因桑蚕，把蚕丝纺成黄金。

另外，他们还计划把网络上的知识，如流行于全球的维基百科上的每篇文章，以 DNA 的形式编码（计算机编码有 0 和 1 两种代码形式，DNA 编码则有 A、C、G 和 T 四种），做成一串特殊的"基因"。然后利用转基因技术，把这串"基因"植入真实的苹果基因组里，这样就能制造出真实的智慧苹果。

DNA 双螺旋结构的匹配与排列非常精确，比如 A 与 T 总是紧挨着。根据这个特性，科学家又开发了一项新技术。他们设计一种 DNA 片段，并使之把双螺旋结构中的同类片段识别出来，然后所有同类片段以更复杂的方式彼此结合。这就好比我们平时玩的折纸艺术，它们结合后就形成了一个新的 DNA "折纸"形状。

目前利用这项技术，科学家获得了一些初步成果，如制作出分子级别的星星和笑脸符号等图像。

而在医疗领域，它的用途最广。把 DNA 折纸装入特制的"盒子"，使其携带药物进入人体，就可直接把药物输送到目标细胞。如果把肿瘤细胞设为目标，那么这个"盒子"只有遇到肿瘤细胞时，才会打开并释放药物。这种治疗很有针对性，而且基本没有副作用。同时，这个"盒子"也可以作为"囚笼"，把病毒细胞囚禁其中，然后利用 DNA 折纸破坏它的结构，无声无息地消灭它。

储存能力强，计算能力高

迄今为止，DNA是最古老的储存介质。科学家正在研究这种介质的特性，并将其应用于信息技术。现有技术上，我们用0和1对信息编码，使之成为计算机能识别的语言。同理，科学家如果用A、C、G、T对信息编码，就会形成一种独特的"语言"，这就是DNA语言（代码），然后只要使用DNA识别器，就能读取数据，把DNA语言变成我们能看懂的信息。

靠这种编码方式，就能充分发挥DNA储存信息的"潜力"。首先，它的容量大得惊人。1张CD的容量大约是700兆字节（MB），100万张CD大约是700太字节（TB，1TB = 1024GB，1GB = 1024MB）。如果以DNA为储存介质，那么1克DNA就能储存100万张CD的数据，而且科学家估计1克DNA的实际储存量可能不止这个数。

目前全世界所有电脑硬盘储存的信息，如果以DNA编码的话，只需手掌大小的DNA就能完全容下。

法国特艺集团是全球最大的电影公司之一，也是娱乐行业的龙头企业，它正在用DNA编码并储存人类历史上经典的老电影，比如1902年的老电影《月球之旅》。

其次，用DNA储存后还可以复制。借助酶的特性，可以迅速复制DNA数据，而且这种复制几乎没有任何限制。美国哈佛大学的一位科学家曾把自己的一本著作用DNA进行了编码，然后在试管里轻松复制了700亿份。这本书由此成为历史上复制数量最多的书籍，创造了世界纪录。

最重要的是，DNA存储信息的时效很长。最早的移动存储设备——

软盘曾风靡一时，但现在它们早已进入历史的垃圾堆，而DNA存储则不会这样。10℃左右的温度下，DNA存储信息的时间可以长达2000多年。

除了储存信息，科学家还在构想用DNA建造生物计算机。它跟我们常用的电脑不同，DNA计算机没有屏幕和键盘，实际上就是一些化学物质。但是这不耽误它的计算能力，科学家可以在上面输入信息，计算结果，并演示出来，这与普通电脑是一样的。

而且DNA计算机特别擅长并行处理，尤其擅长同时处理数以百万计甚至数以十亿计的计算任务。天气变化是时刻不停的动态过程，预报天气就是典型的并行处理。计算机从地球很多观测点收集温度、气压、湿度数据，时刻不停地计算，才能预报天气的变化趋势。

另外，在医学上，DNA计算机还有一大优势。它能进入细胞内部，进行信息记录等各种操作。如果与上文的DNA折纸"盒子"相结合，那么它将不仅是一部DNA计算机，还是一个与疾病斗争的"安全卫士"。

·摘自《读者》（校园版）2017年第4期·

遗传病成就的天才

张　渺

2017 年元旦刚过，一款新的 DNA 检测仪器便发布了。只需 1 小时和 100 美元，就能完成一个人的全基因组定序。就在不久前，想做到这一切，得花费 10 倍的钱折腾一整天。科学家和媒体都预测，DNA 定序技术迟早会走进千家万户。

任何人都无法不留意 DNA 这 3 个字母。神秘的双螺旋结构中蕴藏着生命的密码，它可以解释为什么某个家族中的女性都头发茂密，而男性年纪轻轻就会谢顶；也能解释为什么拿破仑身材矮小，而画像上的法老图坦卡蒙看起来身形怪异。

"遗传学让大家心醉神迷。"美国科普作家山姆·基恩在《小提琴家的大拇指》一书中写道。

DNA 这个词从 20 世纪初流行至今，为考古研究提供了新角度，许多历史的边角料被抖搂出来。

18 世纪的意大利小提琴家尼科罗·帕格尼尼，是一位用才华震撼世人的天才。他的肩、肘、腕关节都异常柔软，而他只用一根手指就能敲碎茶托。

更令人惊叹的是，帕格尼尼的食指和小指指尖最远能展开超过 20 厘米，他的小手指能够从侧面拉伸得跟掌缘成直角，就像有着橡皮做的关节。所以他能够比别的小提琴家按住更多的琴弦，拉出更多的八度音。帕格尼尼一个人站在舞台上拉琴，甚至能营造出一整个乐队的声势。

在当时的人看来，这位有着"章鱼手"之称的小提琴家，简直像魔鬼的造物。人们风传，撒旦就是帕格尼尼才华的来源。在他去世几十年后，他老家的教堂，仍然以"他是魔鬼"的谣言为理由，拒绝安葬他的遗骨。

21 世纪的遗传学家试图做出更科学的解释。

根据帕格尼尼临终前几年就医时的症状，结合当时医生的诊断，遗传学家推测，一种名为埃勒斯—当洛斯综合征的遗传病，使帕格尼尼的结缔组织很有弹性，皮肤也极端敏感。遗传病给他带来了严重的健康问题，却在音乐上成就了他。

与帕格尼尼一样，查尔斯·达尔文、亚伯拉罕·林肯、某些已经成为木乃伊的法老，都被"考古诊断"出患有遗传病。

2007 年，埃及政府允许科学家从图坦卡蒙的木乃伊中取得 DNA 进行研究。研究表明，这位法老继承了来自双亲的棒子脚和腭裂。他的父母是亲兄妹，而他同样娶了与他同父异母的妹妹，这个家族的 DNA 中某些不妙的碱基重复排列，被"变本加厉"地传承下去。

曾有研究者试图把贝多芬遗体的耳骨偷出来，最终被发现并制止。

爱因斯坦的大脑倒是在火化前的尸检中，被当班的病理医生偷了出来，可惜由于常年泡在甲醛里保存，DNA结构已经遭到了破坏。

对达尔文和林肯的遗骨检测申请都被拒绝了，研究者只能在故纸堆里翻找资料，将他们的症状拼凑出来。林肯的家族中有马方综合征病史，这种家传的显性基因突变，或许能解释他"骨瘦如柴的体格""蜘蛛似的四肢"和遇刺前糟糕的身体状态。

比起小提琴家的手指头，人们更关心自己的DNA能说出什么秘密。

好莱坞女明星安吉丽娜·朱莉的遗传缺陷基因BRCA1就告诉她，她有比旁人更高的风险罹患乳腺疾病。这促使她做出重大决定，切除双侧乳腺。

山姆·基恩本人则常年沉浸在对帕金森病的忧虑中。他的祖父被这种疾病折磨，给小时候的山姆留下了童年阴影。直到做过基因检测之后他才消除了这种忧虑，因为他患该病的风险指数并不高。

在揭人老底这方面，基因不仅能解读患病风险，还能解释为什么有些人在晚上灌下一杯咖啡后仍然能轻松入眠，为什么有些人无法抗拒猫咪。

科学家认为，"猫奴"有可能被单细胞原生动物弓形虫迷惑了。弓形虫有两个编码酪氨酸羟化酶的基因，这种酶可以帮助制造多巴胺，能在人类的大脑中处理"包括快乐和焦虑的内在感情"，养猫人的味觉被干扰，自动屏蔽猫尿味，心甘情愿地沦为"铲屎官"。

这种多巴胺还能改变人类大脑中对恐惧的信号，使人骑着摩托车，在S形路线上极尽所能地横切弯道。冒险家的膝头，或许都曾卧着一只慵懒的猫。

如今，只需100美元就能撬开DNA的"嘴巴"。只不过，属于未来的人类故事，也许终究会失去"命运安排"的跌宕与美好。

色彩怎样帮助了科学家

骆昌芹

姹紫嫣红、粉白黛绿，这些色彩常常出现在画家的调色板上。你可知道，色彩还帮助科学家揭开了大自然的许多秘密呢！

让"细菌穿上花衣服"

为了识破细菌的"庐山真面目"，科学家伤透了脑筋。这是由于细菌不但太小，人们用肉眼根本看不见，而且它们大多无色、透明，即使在显微镜下，也是白茫茫、模模糊糊的。

19世纪，一位叫柯赫的德国医生，想出了用染料染色、让细菌"穿上花衣服"的办法来识别细菌。这种办法虽妙，做起来却并不容易。柯赫把一滴染色溶液滴在光洁的细菌涂片上，眼看溶液的颜色迅速化开，并覆盖了涂片，但当他小心翼翼地用水冲洗时，细菌身上的"花衣服"也同时被流水冲走了。经过多次失败后，柯赫终于找到了一种苯胺染料，细菌"穿"上了这件不褪色的"蓝装"以后，第一次在显微镜下向人类展现了它纤细而清晰的身体。柯赫乘胜追击，不久就把严重危害人体健康的结核病菌"抓获归案"。现在，科学界已经公认，柯赫发明的"细菌素色法"是医学史上的一个里程碑。

科学家还发现，各种细菌对色彩的爱好并不相同。例如有一类细菌爱"穿紫衣"——能被结晶紫染料和碘染成紫色，这在医学上叫作"固紫阳性菌"，需用青霉素对付；而另一类"固紫阴性菌"却爱"穿红衣"——能被盐基桃红染料染成红色，氯霉素是它们的"克星"。化验员就是用这种方法，判断究竟是哪一类细菌在病人的身体里为非作歹，然后请医生"对菌下药"，使病人药到病除的。

从雷诺实验到当代风洞实验

19世纪80年代，物理学家雷诺在一根长长的装满流动水的玻璃管里注入染色液体。奇迹发生了，他看到一条与水管的轴平行的直线，而且水流加快到一定程度时，水流竟然激烈涌动起来。原来，液体、气体的运动特性与速度有密切关系。

我们看到飞机在空中飞行，相当于空气在以同等的速度流向飞机。这样，当一架飞机设计成功之后，在实验的过程中，不需要像过去那样进行冒险试飞了。那怎么实验呢？设计师们只要把做好的飞机模型放在一个很大的鼓风机口就可以了。当鼓风机吹出的风吹向飞机模型后，飞机设计师们就可以精确地测算出飞机各个部分所承受的阻力。

当然，这种人造风人们用眼睛是看不到的。设计师从雷诺实验中得到启示，将煤油不断地均匀喷射进鼓风机里，就会产生有色烟雾，这样人们就会看到有色的烟雾飞向飞机，形象地显现出风的威力。

揭开墨西哥湾暖流之谜

加拿大的冬季是严酷的，气温常在 –20℃ 以下，但和加拿大纬度相同的挪威却暖和得多。为什么两地会有这么大的差别呢？据说，这是因为大西洋里存在着一股强大的暖流。但是无人知道这股暖流究竟来自何处，去向何方。由于海洋中水天一色、渺无边际，因而长期以来，就形成了地理学上一个有名的难题：墨西哥湾暖流之谜。

后来难题是怎么解决的呢？这里有一段有趣的插曲。19世纪，德国有一位叫斐雪的化学家，在一次洗澡时被同浴者们埋怨，说他把浴池搞"脏"了——池子里的清水忽然变成了黄色，同时还闪闪发光！原来，斐雪教授当时正在集中精力研究一种荧光染料。这种荧光染料有一个特点，能在阳光中紫外线的"激发"下发出各色光芒，并具有很强的着色能力。斐雪教授的头发上附着了一点儿染料颗粒，它们使浴池变成了"大染缸"。

于是，地理学家们决定也来制造一个"大染缸"——他们设法在大西洋里撒下几吨荧光染料，使暖流印上黄绿色的荧光"标记"，果然把墨西哥湾暖流之谜揭开了。原来它发源于中美洲墨西哥湾，经过英国和斯堪的纳维亚半岛，穿过北海，进入巴伦支海，最后消失在北冰洋。据测算，如果把这股暖流全部变成热能，就相当于在欧洲西北部，每一米海岸线就有6万吨煤在燃烧。有了这么一根特大的"天然暖气管"，难怪挪威的气温要比加拿大的气温高多了。

·摘自《读者》(校园版) 2017年第8期·

懂"计谋"的病毒

程盟超

比起肆意妄为的人类，病毒时常能展现出智慧的一面。以色列魏茨曼科学研究院的罗特姆·诺雷克博士发现，病毒的侵略是有"计谋"的，它们甚至懂得节制。

这个发现来自一个巧合。诺雷克和他的团队原本想研究细菌间的信息传递：他们试图用一种phi3T病毒感染枯草芽孢杆菌，再把这些染了病的可怜细菌丢到它健康的同类中去，看看"患者"会不会发出警告。

细菌间通风报信的场景没出现，病毒却先偃旗息鼓，尽管它们感染了新宿主，随后却选择了休眠。

这种行为明显有悖于病毒的本性，科学家只能想到一种解释：为了避免元气大伤的宿主彻底死亡，病毒主动限制进攻，等待宿主恢复元气。

换句话说，这些"小恶魔"居然懂得"可持续发展"。

后续的研究发现了phi3T病毒用来沟通的蛋白质，诺雷克称它为"仲裁"。因为这种蛋白质达到一定浓度时，phi3T病毒就会集体"停战"，转而休眠。

这个发现意义重大。如果艾滋病毒、疱疹病毒也能被这种决定活跃与休眠的蛋白质操控，那么人类能否通过合成这种蛋白，让"恶魔"永远沉睡？

·摘自《读者》（校园版）2017 年第 8 期·

人体中的"暗物质"

朴语林

毛毛虫变成蝴蝶后，它的样子发生了巨大的变化。

这种蜕变，可能是动物王国最富戏剧性的改变：它会长出绚丽的翅膀以及六条长腿，体内的器官也会发生巨大的变化。毛毛虫与蝴蝶看起来是两种完全不同的生物，但是它们有着完全相同的基因组。那么，蜕变过程是由谁控制的呢？

答案连许多生物学家都感到吃惊：毛毛虫变为蝴蝶的过程，实际上是由蛋白质控制的。蛋白质是一种由氨基酸组合成的聚合物，体内蛋白质的合成由基因决定。

在现代医学中，蛋白质已经被研究了很长时间。通常认为，它们在人体中的主要作用是提供能量，组成肌肉、器官等等。但是这种认识并不完备。事实上，蛋白质是生命活动的主要承担者，大约有 40 万种蛋白质影响着人体内的各个活动，它们总共占了人体重的 15% 左右。例如，它们影响伤口的愈合、细胞之间的交流、免疫系统等。许多人认为我们被基因所控制，但事实上，真正发挥作用的是那些蛋白质。

但问题是，人体内大约有 50% 的蛋白质是我们完全不了解的。我们可以把它们称为"暗蛋白质"，因为它们有点类似于宇宙中的暗物质，不为人所知。现在，我们才开始一点点了解它们。

蛋白质在人体内扮演着至关重要的角色，但是要想完全了解它们是一件很困难的事情。毕竟，一个细胞内可能就有上万个发挥着作用的蛋白质。蛋白质比基因组复杂多了。借助计算机的能力，研究人员已经开始探寻那些暗蛋白质。

检测的方法基于一个这样的事实：人体内的蛋白质都是基于写在DNA 或 RNA 上的基因构建而成的。通过分析人类的基因图谱，研究人员可以找出人体能制造出哪些蛋白质。现在，德国慕尼黑理工大学的研究人员就根据这个方法，发现了数千种暗蛋白质。但是研究人员并不知道这些暗蛋白质在人体内发挥着什么作用。不过，首先要弄懂的是它们为何很难被发现。

研究表明，许多暗蛋白质的行为与普通的蛋白质有所不同，例如它们很少与普通的蛋白质发生作用。这种独立的"性格"，可能使得它们不容易被发现，这还可以解释为何它们常常游荡在细胞之外。研究人员推测，这些"流浪在外"的蛋白质可能在细胞间交流以及免疫系统中发挥着一定作用。

发现人体中的暗物质，会对医学领域产生很大的影响。例如，它可能有助于研究人员了解那些由蛋白质引发的疾病，例如癌症、2 型糖尿病、帕金森氏症、阿尔茨海默症等等，而且人的衰老过程也与蛋白质有关。

另外，暗蛋白质的发现还开拓了新的研究领域。例如，一项来自中国科学院的研究表明，暗蛋白质与一些抗体的产生有着联系。研究人员从一些暗蛋白质上分离出了 700 多个肽链，发现这些肽链可以有效杀死细菌，而且不会产生副作用。根据这个发现，在未来我们可以发明一种全新的抗生素。

·摘自《读者》（校园版）2017 年第 10 期·

微生物的新奇用途

示怜云

提到微生物，我们可能会联想到食物中毒、细菌感染等。然而，科学家们发现，微生物其实还有着很多新奇的用途。

治伤助手

如果人的脊髓发生损伤的话，其肠道细菌就会发生改变，并会引起肠道发炎。反过来，肠道细菌的改变还会通过各种途径影响脊髓损伤的恢复。美国洛克菲勒大学的研究人员试着给脊髓损伤的小鼠服用了一些益生菌。实验中，他们发现这些小鼠从伤病中恢复得相对更快。研究人员认为，当人类治疗脊髓损伤时，也可以服用一些益生菌，来抵消肠道细菌带来的干扰，帮助伤病的恢复。

探测地雷

英国爱丁堡大学的研究人员用基因工程技术，研发出了一种无害的、可以探雷的大肠杆菌。TNT 是许多地雷的主要成分，而这种大肠杆菌会产生一种蛋白质，与 TNT 结合后会发出绿光。研究人员希望这种细菌可以被允许释放到疑似存在地雷的地区，来代替金属探测器或嗅探犬，使得探测地雷变得更加安全。

探测环境

美国麻省理工学院的研究人员用基因工程技术，培育出了一种可以记录自身经历的细菌。这种细菌暴露于某些化学物质或可见光中时，DNA 就会产生一个新的 DNA 片段。随后，研究人员可以通过"阅读"它们的 DNA，来了解它们经历了什么。这个过程类似于行车记录仪。研究人员可以把若干这样的细菌当作一种生物探测器，来检测自然环境或生物体的变化。

细菌电池

细菌可以活动，为何不让它们来"拉磨"发电呢？英国牛津大学的研究人员使用包含高密度细菌的溶液，推动一种微型转轮来产生电能。产生的电流虽然很微弱，但很稳定。也许，这种细菌电池在未来可以驱动纳米机器人、便携电子设备等。

传送药物

在深海中，有一种细菌可以借助体内的磁化物质来导航，帮助自己获悉方位。美国国立卫生研究院的研究人员则测试了这种细菌的独特能力。他们把细菌注射到患有癌症的小鼠体内，然后利用磁场来引导细菌，并成功地使细菌走到了有肿瘤的地方。实验规划的下一步，是修改这种细菌的基因，使它们能携带某些药物分子去杀死癌细胞。

消防队员

在美国爱达荷州和俄勒冈州森林地区，有一种叫作黑雀麦的入侵植物在不断疯长，这加剧了森林火灾隐患。因为天气干旱时，干枯的黑雀麦极易着火。最近，美国地质调查局的研究人员发现了一种叫荧光假单胞菌的细菌，可以抑制黑雀麦根部的生长，从而限制它与其他原生草类的生存竞争。研究人员推测，这种细菌可以在 5 年内清除掉一片森林中的黑雀麦。

生产燃料

研究人员早就发现，酵母可以把秸秆等农作物废料，转化为乙醇燃料。不过，普通的酵母只能转换大约 2/3 的农作物废料。最近，美国生物燃料公司 Mascoma 通过基因工程技术，培育出了一种新型酵母，能在 48 小时内，将 97% 的农作物废料转化为乙醇燃料，使得这种变废为宝的技术更加高效。

·摘自《读者》（校园版）2017 年第 19 期·

情绪影响空气

庆　历

　　情绪可以改变很多东西，比如与亲朋好友的关系，把一件好事变坏，或者把一件坏事变好。科学家做的一项实验显示，我们的情绪还可以改变空气中的化学成分，尤其是在封闭的环境中。

　　德国科学家做了一项实验，他们对放映电影时电影院内的空气进行了分析，结果发现在放映悬疑、浪漫或者喜剧类电影时，空气中弥漫着多种与情绪相关的特定化学物质。换一批观众来看相同的电影，同样可以从空气中检测到这些特定的化学物质。他们认为，人的情绪波动影响着人体释放出的气体成分，而这些物质弥漫在空气中，改变了空气的化学成分。

　　这或许从另一方面解释了，为什么在电影院看电影气氛更好。原因很可能就是我们受到了其他观影者释放的化学物质的影响。比如在看恐怖电影时，其他人释放出带有"危险""警报"等信息的化学信号，而接收到这些信号的我们也会不由得提高警惕。

·摘自《读者》(校园版) 2017 年第 20 期·

塑料马路，白色污染的终结者

麒　麟

在英国小村庄邓弗里斯，一条用塑料垃圾铺设的马路完工了。这条路是托比·麦卡特尼先生带领团队铺的。一年前，他创办了 MacRebur 公司，推出了"塑料马路"的宏伟计划。

目前，全世界公路里程数已经超过 6400 万千米。在麦卡特尼的设想中，以后所有的塑料垃圾都不需要在堆填区里沤着，它们可以取代沥青成为更便宜的铺路材料。"世界就是这么神奇，一个棘手的问题，往往有可能成为另一个难搞问题的解决方案。"麦卡特尼说。

一次，在女儿学校的校园开放日活动中，老师问大家"海洋里生活着什么"，其他孩子抢着说"鲨鱼""鲸鱼""海龟"，而他的女儿沉默了好久才怯生生地举起手说："老师，海里都是塑料垃圾。"

女儿的答案让麦卡特尼很惊讶，也很羞愧。他觉得不应该让自己的孩子在这样污染严重的环境里长大。他特别想做点什么，却又觉得很无力。

曾经在印度南部跟慈善机构合作、改善拾荒者福利的他，深知塑料污染的严重和改变的艰难，不过想得久了，灵感真的会出现。"一天，岳母跟我老婆抱怨，说我家外面的路坑坑洼洼的，特别不好走，还赌气说以后再也不来了。岳母的话让我突然想起在印度时看到当地人把塑料瓶、塑料袋煮融了混上石油，拿去补路面的坑，我突然感觉这事儿有戏。"

于是，麦卡特尼拉上朋友戈登·里德、尼克·伯内特，把自家后院当成实验室，研究起用塑料垃圾铺路的可行性。

麦卡特尼本身就是工程师，伯内特是研究垃圾降解的专家，里德则开着一家水管公司。三人一合计，很快就把铺路这事儿摸清楚了。

一般来说，铺路材料里90%是碎石、沙子和石灰岩，10%的沥青混合进去，起胶结、支撑的作用——这样一来，塑料本身难以降解的特性也就成了适合铺路的优点了。

麦卡特尼和朋友抓住这个特点，用熔融后的塑料反复试验，终于研究出适合铺路的混合物，并把它命名为"MR6"，因为他们三个人加起来有6个女儿。

"MR6"比一般沥青路面的坚固度强60%，也更耐磨。而且它比沥青路面更能适应温度变化，不会在低温时裂出缝隙，也不会在高温中融化。目前，"塑料马路"通过了英国和欧盟的检验认证，验证了其安全性。

2016年4月，麦卡特尼和朋友正式注册了公司，开始了商业化生产运作。他们从垃圾回收厂购买原材料，经过处理，去除有毒物质，然后从中挑选出符合条件的塑料，按配方比例混合。

比沥青强，还比沥青便宜得多，"塑料马路"的优点立即吸引了建材公司和当地政府的注意，订单就这样唰唰唰地飘来了。现在，英国坎布里亚、卡莱尔等地已经铺上了"塑料马路"。

连英国网球明星穆雷也对"塑料马路"很感兴趣，并投资了他们的项目，他说："他们的愿景让我很受启发，希望在不远的未来，世界上的马路都能够实现这样经济效益和环境效益的双赢。"

·摘自《读者》（校园版）2017 年第 20 期·

基因挑选品酒师

毕小凡

如今不少人抱怨工作累、工资少，以至我们常在各大网络论坛看到这样的提问："有没有办公环境优美、让人感觉轻松愉悦、能保证每天睡觉睡到自然醒、数钱数到手抽筋的好工作？"这样的工作当然有，比如品酒师。他们只需品评葡萄酒的色、香、味，分辨出酿造原料和窖藏年份，就能拿到丰厚的薪酬。

看到这里，或许你很想当一名品酒师，但你未必能如愿以偿。

因为品酒师挑选出的馥郁芬芳的上品葡萄酒，也许在你看来无甚特色。究其原因，葡萄酒的浓郁香味源自酒汁包含的复杂成分，品酒师必须具备极灵敏的嗅觉，将其中的"风味"成分辨认出来，而这一点并非通过后天努力就能达到。科学研究证实，葡萄酒中有两种重要的"风味"

成分，它们分别散发出淡淡的青草气味和紫罗兰花气味，而大多数人的鼻子闻不到这两种气味。

为什么会这样呢？研究表明，人的鼻腔中存在嗅细胞，能闻到一种或几种气味。当嗅细胞受到它能识别的气味刺激时，就会通过嗅觉神经将气味信息传递到大脑，大脑据此识别气味成分，判断它好闻或是难闻，甚至有毒或没毒。而现在科学家已经找到人类鼻腔中分别负责识别葡萄酒中散发出青草味儿和紫罗兰花香这两种化学物质的受体基因。在品酒师的鼻子里，这两种气味受体基因维持正常的功能，所以他们能轻松分辨出青草味和紫罗兰花香这两种气味；而其他人鼻子里的这部分基因的结构发生了改变，所以他们闻不出这两种气味，甚至有些人会感觉呛鼻。

因此，没有这两种气味受体基因的人，天生就当不了品酒师，也就别做这个美梦了。

·摘自《读者》（校园版）2017 年第 11 期·

把细菌变作图书馆

吕之品

"生命是一本打开的书"，这本来是个比喻，但如今科学家已经把它变成了现实。现在，我们可以把一整座图书馆的图书、影像资料，都存放到活的生物体上，并通过它们代代相传。尽管目前科学家所使用的材料仅是单细胞生物，但终有一天，植物、动物，甚至人也可以成为储存载体。

垃圾基因的妙用

奥秘在于DNA。虽然生命活动离不开DNA，但是DNA上存在着大量不参与生命活动的基因，叫作"垃圾基因"。垃圾基因虽然在生物进化的某个时期，可能是有用的、活跃的，但如今已失去活性，变得"沉默"。

它们在 DNA 上所占的比例还不小，为 40%~90%。

垃圾基因除了不活跃，其他方面跟普通基因一模一样，也有 4 个碱基编码。但因为没什么用处，你要是把它们删去，或是用别的编码代替，也不影响生命活动。这就为在活的机体中储存我们想要的信息提供了方便。

DNA 能储存信息的道理很简单。我们知道，在电脑上任何文件都可以用二进制的 0 和 1 来编码储存，那是因为电脑运算和储存采用的是二进制。而任何信息同样也可以采用其他进制来编码、运算、储存，比如用四进制。而 DNA 上的 4 个碱基 A、G、C、T，正好是一组天然的四进制码。

同样长度的四进制信息，其信息容量是二进制的几倍。这个道理也很简单，譬如让 A、G、C、T 四进制码跟 0 和 1 二进制码做如下对应：A–00、G–01、C–10、T–11，那么一段二进制码信息如 01011011，只需编码成 GGCT 即可，而且后者的长度仅是前者的 1/2。

把视频文件存到生物体上

此前，科学家已成功实现了图片和文本文件的 DNA 存储。既然任何视频都可分解成一帧帧图片，那么把视频文件储存到 DNA 上也是顺理成章的。最近，哈佛大学的科学家成功做到了这一点。

他们将表现一匹马在奔跑的 5 张图片逐一编码进人工合成的 DNA 片段上。然后，把含有第一张图片信息的 DNA 片段注射到数千株大肠杆菌中。在一定的控制条件下，大肠杆菌很快就把这些片段剪切、粘贴到自己的 DNA 序列中。科学家又在它们身上依次注入含第二、第三、第四、第五张图片的 DNA 片段。大肠杆菌也一一把它们剪切、粘贴到自己的 DNA

序列中。此后一段时间，大肠杆菌经过繁殖，数量倍增。

为了检查效果，科学家对这样的 60 万株大肠杆菌进行了 DNA 测序。他们惊讶地发现，在剪切、粘贴的过程中，竟然没有一个编码出错（比如把本来的编码"A"错转成"C"），而且图片顺序也没出现任何颠倒（比如把第三张图片插到第一、第二张中间）。这样储存得到的，正是一个完整的图片文件。

信息储存在细菌上的好处

首先是细菌存储的信息量大，且体积小。据计算，1 克双链 DNA 编码存储的信息量可达 1000 亿张 DVD 光盘。当然，一座图书馆的信息不可能塞进一个细菌。可以计算一下，1 条 DNA 的重量为 10~12 克，那么相当于要用 10 个细菌来存 1 张 DVD 光盘的内容。对于一座大型图书馆的信息，需要上千万个细菌才能存下，但上千万个细菌也只有小沙粒的百分之一大。

其次，把信息储存在活的细菌上，一个显而易见的好处是，这些信息可以随着细菌繁殖，被不断地复制。因为细菌的繁殖速度很快，一座"图书馆"瞬间就可以变作上万座含有同样内容的"图书馆"。此外，某些生活在地下的细菌，抗核辐射能力极强。如果地球上发生核战争，存放在图书馆、电脑上的资料很容易会被摧毁，但储存在这些细菌上的资料是不容易被摧毁的。

如果未来我们移居外星球，只要带上一些细菌，就可以在外星球上重建一座座图书馆啦。

在雪地上行走脚下会有"吱吱"声，是雪被踩疼了吗

把科学带回家

　　在雪地上行走的时候，雪有时会发出"吱吱"的声音。这是雪被踩疼了吗？可是为什么有的雪被踩了以后没有这种响声呢？

　　虽然雪的形成过程已经被科学家们研究得十分透彻，但是雪被踩了以后为什么会发出"吱吱"声，倒还真没有多少人研究过。

　　雪是过冷水滴（温度低于冰点但还没有结晶的水）遇到空中悬浮的灰尘微粒后凝结而成的。雪片从天而降的过程中，有时还会遇到一些过冷水滴，然后它们就会抱在一起变成很结实的小雪球，叫作霰。

　　踩在这类很结实的雪上面，被踩的霰就会发出咯吱咯吱的怪叫，好像它们的尾巴被踩到了。

　　有一些积雪蓬蓬松松的，踩在这种雪上面，它们就会发出"梭梭"声，

很好听。

那么，雪被踩了以后发出的声音到底是怎样产生的呢？目前的解释主要有两类。

雪被冻得"牙齿打架"

有人认为，雪发出的"吱吱"声是雪粒之间摩擦，或者是雪和鞋子摩擦发出的声音。而且雪是否能发出摩擦声，和温度有很大的关系，只有温度非常低的雪才能发出"吱吱"声。

也就是说，雪发出的"吱吱"声是它们冻得"牙齿打架"的声音。

这种解释把雪的声音和温度联系了起来。

物理学家法拉第发现，冰晶总是被一层水（准液体层）包围着，而这层水的厚度和温度有关。

−10℃以下时，这层水就只有一个水分子那么厚；在 −1℃的时候，这层水有好几百个水分子那么厚。

另外，当受到很大的压强的时候，冰就会融化；压强减小后又会重新结冰，这就叫作复冰现象。

因此有人提出，如果温度在 −10℃以上，此时去踩雪，一些雪在你的体重产生的压强下就会软化为一摊水。这些水就像润滑剂，可以减小摩擦，因此这样的雪就不会发出"吱吱"声。

如果雪的温度低于 −10℃，就算你是一个踩着高跟鞋的巨人，你的鞋跟产生的压强也并不足以使它融化，雪还是一粒一粒的冰晶。所以被踩了以后，固体状的雪就像沙粒那样会相互摩擦发声，或者和你的鞋子摩擦发声。

不过这个解释的一个问题在于，有人计算过，在一般的环境中，即使穿着带冰刀的溜冰鞋，人的体重在冰刀上产生的压强也不足以使雪融化。

所以究竟人能否把雪踩成水，含水量大的雪是否就不容易发出"吱吱"声，现在谁也不能确定。

雪的"脖子"断掉了

麻省理工学院的材料科学家 W.Craig Carter 认为，雪被踩了以后发出的声音是雪的"脖子"断掉的声音。

这里说的雪的"脖子"就是冰内晶体之间的键，"吱吱"声就是雪片之间的键断裂的声音。

刚从天空落下的完整的雪片之间的距离比较大，相互之间结合得并不紧密，键不多。这样的雪踩起来，是"夫夫"声，而不是"吱吱"声。

几个小时后，新雪在自身重力的作用下垮塌、碎掉，然后又重新结合起来，形成了更多的键。因此蓬松的新雪变成了更加密实的老雪，老雪不容易因为自身重力继续垮塌。

从新雪变成老雪的过程叫作"烧结"，经过烧结的老雪被你的体重压爆了以后，许多键都被踩断了，因此才会发出"吱吱"声。

在 Carter 看来，雪被踩出"吱吱"声和瓷器碎掉时发出的"哗啦"声是一回事。实际上，瓷器就是通过烧结产生的：黏土分子在高温下形成了新的键，变得更加密实牢固，因此打破瓷器时断裂的分子键也会发出声音。

这种解释听起来挺有道理的，因为踩雪的时候，上面一层松松的雪会发出"沙沙"的声音，但是踩到底下比较硬的雪的时候就会发出"吱吱"的声音。嚼冰的时候也会发出"吱吱"声。现在就差一个实验来证明这个假说了。

憋住的喷嚏去哪儿了

丫 丫

英国《每日邮报》报道了一则新闻，有人在喷嚏快要打出来的前1秒，硬生生地把它憋了回去。谁知这个喷嚏的后坐力太强，在他喉咙后方击出了一个洞，导致他不能正常饮食和说话了。

除了"躺着也中枪"的喉咙，胸前的肋骨也可能成为下一个受害者。因为气流穿过喉咙后，会通过气管来到肺部。还有一则新闻说，有一个人因为憋住了喷嚏，过段时间后发现不明原因的胸痛，去医院检查才发现，自己的肋骨被震断了。

你以为憋住了喷嚏，过后又安然无恙，就逃过一劫了？

错了！喷嚏中有很多细菌，被憋住以后，这些小家伙会跑到耳朵里搞破坏，久而久之，就会引起中耳炎。

但这些都不是最严重的。

如果强大的气流冲入鼻窦，会造成毛细血管出血，运气好的话，流点儿鼻血就完事了；运气不好，会引起鼻窦炎，颅内压力升高，脑袋会一直处于疼痛的状态。

最极端的后果则是，一个喷嚏产生的气流可以使脑血管破裂，导致中风。

其实，打喷嚏是机体自我保护的一种本能行为。

我们的鼻黏膜上有许多神经细胞，它们非常敏感，一旦有刺激性异物或气体进入鼻孔，神经细胞就会"报警"，向大脑发出信息，利用肌肉收缩，用力向外喷出气体，将异物赶出自己的地盘。这就是我们熟悉的喷嚏了。

打喷嚏不太优雅，憋回去又伤害自己，那么，要怎样优雅地打喷嚏呢？

其实很简单的：拿起一张纸巾，同时有意克制声音的大小，让相当于15级台风的气流和里面的30万细菌落在纸巾上，然后扔进垃圾桶。

这样的姿态，要多优雅就有多优雅。

·摘自《读者》（校园版）2019 年第 4 期·

你留了很多细胞在妈妈身体里陪着她

七君由

俗话说，儿是娘身上掉下来的肉，其实真相并没有那么简单。在你出生的时候，你就把你妈变成了一种"奇美拉"——嵌合体人。

不不不，不是把你妈变成了上半身鱼、下半身人的生物。嵌合体人指的是，一个人身体里的一部分细胞有不同的 DNA。

这是因为，你妈生下你以后，你的一部分细胞就留在了她的身体里，进入她的大脑、心脏、肺、脾脏、肝脏、乳腺等器官，有些细胞会陪伴她一生。

比如，2012 年的一项研究发现，在 59 名女性中，2/3 的人的大脑里检测出了男性才有的 Y 染色体，这很可能是她们曾经孕育过的儿子（或她们的哥哥）留给她们的。其中"最高寿"的 Y 染色体是在一位 94 岁的老奶奶的大脑里发现的。

不管有没有真正生下孩子，每个准妈妈从怀孕第 6 周开始就会接受胎儿"送"给她的细胞礼物。在孕妇的血液中，大约 6% 随意游荡的 DNA 来自胎儿。

胎儿的一部分细胞会穿过胎盘和子宫，通过妈妈的血管来到妈妈身体各处，然后在妈妈的身体里安居乐业。

小宝宝的细胞还会进入妈妈的骨髓，并在那里待上几十年。所以妈妈的血液里会时不时地冒出一些来自自己孩子的细胞。有时候在孩子出生几十年后，孩子的细胞还在妈妈血液里游荡。

这个现象被称为胎儿微嵌合。胎儿微嵌合最早是由 19 世纪的德国病理学家 Georg Schmorl 发现的。包括人类在内，所有真兽下纲的哺乳动物都有这种胎儿微嵌合的现象，比如猴、狗、牛、小鼠等。因此，小宝宝"送"细胞给妈妈可能是来自哺乳动物祖先的一种技能。

一般来说，孩子出生后，妈妈的免疫系统会杀死一部分外来细胞，但是其中的一部分可以逃脱妈妈免疫系统的追杀，存活很久，有时甚至是一辈子。对已经有了孩子的妈妈来说，她的身体里每一千到一万个细胞里就有一个细胞来自自己的孩子。

许多科学家认为，这些来自胎儿的细胞很有可能是干细胞（或者祖细胞），所以它们才有能力"移民"到妈妈身体的各个部位。

目前，大家对小宝宝送给妈妈细胞的看法主要有三种：

第一，它们是小宝宝的"间谍"，混进妈妈的身体来控制妈妈，但可能因为太自私会在妈妈的身体里"搞破坏"。

这些"间谍"细胞或许可以调节妈妈体内的激素水平，为小宝宝的存活提供保障。

比如，在乳腺组织里常常可以找到胎儿的细胞。这可能是有"心机"的小宝宝在出世前就想好了该如何让妈妈多给自己搞点奶水了。妈妈的甲状腺里也有很多来自胎儿的细胞，可能是有"心机"的小宝宝想让妈妈多发热，温暖自己。

至于"心机"小宝宝的细胞想在妈妈的脑子里搞什么事情，可以遐想的空间就很大了。或许，当妈妈每次想召唤食娃狼把小孩叼走的时候，这些来自小宝宝的细胞就会让妈妈的大脑产生隐隐的负罪感，或是让妈妈的大脑分泌更多爱的激素——催产素，重新享受被娃虐千百遍的刺激。

第二种看法是，这些细胞是来守护妈妈的。毕竟，妈妈活得久、活得好，后代也能间接获得好处，不是吗？

第三种看法是，不干什么，不为什么，就是进来随便逛逛。

一些癌症研究发现，在女性不健康的组织里有更多来自胎儿的细胞。在小鼠妈妈坏掉的脑子附近，小宝宝的细胞浓度也会从千分之一到万分之一上升为百分之一。在小鼠妈妈的肺部肿瘤里，还有女性受损的肝脏或甲状腺里也可以发现宝宝的很多细胞。

不过，现在大家还不清楚，这些来自小朋友的细胞是"肇事司机"，还是过来帮妈妈"敲扁坏蛋的"，或者只是过来围观车祸现场"吃瓜起哄的"？

你还不知道的一点是，不但你给你妈留下了细胞礼物，你妈、你外婆、你的哥哥姐姐（如果你有哥哥姐姐的话）、你的孪生兄弟姐妹（如果有的话）可能也给你留下了细胞礼物。

为什么会这样？

因为，怀孕的准妈妈身体里有至少三个人的细胞：一套是她自己的；一套是她妈妈的，也就是孩子外婆的；一套是她现在以及过去的孩子们的。

当胎儿大概 6 周大的时候，妈妈和胎儿就会开始交换细胞。

所以，你也可以算是个寄生兽了。所谓的骨肉至亲，就是指互相交换过 DNA 的那种吧。

你妈妈逼你学习，说不定还是因为另一个你在她的身体里实在看不下去了。

·摘自《读者》（校园版）2019 年第 7 期·

为什么罐装鲜橙汁的味道都一样

七 君 编译

你爱喝橙汁吗？

肯定爱啊。不然空姐问你要喝什么饮料的时候，你怎么总是回答 "orangejuice，please" 呢？

橙汁的加工工艺应该很简单吧？

毕竟在家里，榨橙汁只需要一台榨汁机就可以了。所以，工业化流水线生产橙汁，应该比家里的榨汁机更有效率吧。

可是，为什么超市卖的罐装橙汁，不管是鲜橙汁还是还原橙汁，喝起来味道都差不多，而且同一个品牌的橙汁味道永远不变呢？

实际上，几乎所有的包装橙汁，早就已经失去了灵魂。

橙汁会随着时间氧化，为了对抗这个自然现象，所有的厂商都必须有一步重要的操作。而经过了这一操作，橙汁就不再是原来的橙汁，而变成了没有什么香味的糖水。

为了让你接受这样的糖水，厂商又不得不往里面添加让你感叹自己缺乏想象力的东西。

一起来看看他们添加了什么。

想要种出好橙子，就需要合适的土壤、长时间的日照以及大量的雨水。所以美利坚的橙子之乡——佛罗里达，除了经常阳光明媚，其实还是个爱哭鬼。

看一下佛罗里达的橙子庄园是怎么摘橙子的。

他们用的是一种俗称"连续式果树振动采收机"的机器，这种机器每分钟可以采收 2 吨橙子。

佛罗里达莱克威尔士市的一家橙汁加工厂，每天可以开进 200 辆满载橙子的大卡车，每辆大卡车载着 12 万个橙子，每天有 2400 万个橙子滚到了这家工厂里。

在这里，工人先用水把橙子冲出卡车。然后，它们会经过一个 2 千米长的传输带，进入加工区。接着，它们会被按照大小分级。

好吧，工厂化的榨汁机和你家的原理差不多，但是看起来就利索多了。

每个橙子会被一排金属尖叉叉住，然后被榨干。橙子皮和橘络（那些白色的丝）会被丢掉。

在看的时候，千万得捂住屏幕，不要让你家的橙子看到。

这样榨出来的果汁并没有果肉，因为会经过一次过滤。

如果要加工那种带果肉的橙汁，还需要把一坨坨过滤出的果泥加回去。所以有果肉的橙汁更贵，知道为什么了吧，因为多了一道工序啊。

一盒 1.89 升的橙汁大概需要 20 个大橙子。

但是，他们没有给你看一个重要的步骤。

1980年开始，百事公司旗下的纯果乐（Tropicana）开始宣传NFC（not from concentrate）果汁，也就是非浓缩还原果汁，或者说非复原果汁。

这种巴氏杀菌橙汁开始出现在超市的冷柜区域。因为这种橙汁的出现，在接下来的5年里，纯果乐的巴氏杀菌橙汁销售额增长了1倍，而利润增长了2倍。

巴氏杀菌橙汁已经经过灭菌。都灭菌了，橙汁厂是不是就能高枕无忧了呢？并不是。喝过橙汁的你应该会发现，开封后即使冷藏保存，橙汁的味道也是一天不如一天。

这是因为，氧是橙汁最大的敌人，尤其是橙汁里的维生素C。虽然在无氧状态下维生素C也会分解，但是氧气的存在会使维生素C消耗得更快，基本上1毫克氧气就能分解掉11毫克的维生素C。

美国农业与贸易政策研究所的成员艾丽莎·汉密尔顿表示，想要锁住橙汁里的维生素C和其他营养物质，就得让橙汁脱氧，专业的说法叫"除气"，比如用真空脱气机把气体抽空。

脱氧的橙汁能在储藏罐里放1年以上。不光是巴氏杀菌橙汁，浓缩还原果汁也会经历这种操作以延长保质期。

根据利乐公司的介绍，如果不对橙汁进行处理，橙汁的保质期就会不到8天。只有经历脱氧，橙汁的保质期才能延长到一年。

不过，脱氧操作也是有代价的，而且这个代价很高昂，那就是，橙汁闻起来不再具有原本的香味。

2003年发表在LWT-Food Scienceand Technology上的一项研究发现，工厂处理橙汁时，橙汁失去风味（挥发性有机物）的主要原因就是脱氧的操作。

也就是说，经过脱氧的橙汁基本上就变成了和糖水口感一样的东西。

所以，为了还原橙汁的风味，厂商又不得不添加……香水。

你没看错，为了让你感受不到橙汁已经是行尸走肉了，橙汁厂商会雇用香水公司。对，就是为你妈妈制造 Dior 和 Calvin Klein 品牌香水的调香企业勾兑闻起来像橙汁的香水。

这种被添加进去的香水叫作风味包。

你可以把它理解成橙汁的方便面调味料，不放的话，橙汁就和白煮方便面面饼一样。鲜橙汁卖得比方便面贵，大概是因为它已经泡好了，而且是用香水泡的吧。

汉密尔顿表示，许多人都不知道，标榜"纯天然"的橙汁实际上都添加了风味包。

这就是罐装橙汁的味道总是很统一，而且比自家鲜榨橙汁香很多的原因。

这些风味包是用橙子精油提炼的，橙子精油是用橙皮提炼的。一般来说，橙汁的风味包包含癸醛、萜类化合物等物质，许多香水也含有这些成分。

有意思的是，你喝完橙汁的口气，和邻座小姐姐的大牌香水一样贵。

不同地区的风味包还会突出不同的香气。比如，北美市场喜欢用丁酸乙酯，因为调香工程师发现这种化合物能让人联想到新鲜的橙子；销往墨西哥和巴西的橙汁则会突出萜类化合物。

而大多数的橙汁企业都会模拟一个品种的橙子的香气，那就是佛罗里达春天的巴伦西亚橙。

这些香精为什么没有在配料表上列出来呢？

汉密尔顿解释道，因为香精提炼自橙子，所以风味包不会在配料表上单独列出。因此，即使一瓶橙汁上写着"100% 纯天然橙汁"，它也极有可能是用香水公司提供的香精勾兑的。十几块钱买了一瓶可以喝的香水，就问你值不值？

当你打开一瓶榨于去年的"鲜橙汁"，闻到的却是后期添加的佛罗里达春天橘园的香水味道，惊不惊喜？意不意外？

· 摘自《读者》（校园版）2019 年第 13 期 ·

肠道细菌让你成为更好的跑步者

亚当·沃恩

　　如今，世界各地纷纷举办各种马拉松比赛，人们对跑步的热情也很高。想要成为一个更好的跑步者，除了勤加锻炼以外，还有一个因素也很重要，那就是你肠道中的细菌。

　　一直以来，我们都认为运动可以改变肠道的微生物群，但事实可能相反，微生物群其实是影响我们身体表现的一个重要因素。美国哈佛大学的一个研究小组在马拉松选手的粪便样品中，发现了一种名为韦荣球菌的肠道细菌。研究人员将该细菌移植在小鼠的身上，结果这些小鼠的跑步时间比普通小鼠长了13%。研究小组提出，这种细菌有助于分解乳酸，而乳酸是导致人们跑步疲劳的主要因素。也许这种细菌以后可以放入微生物补充剂中，改变我们肠道的微生物群，让我们成为更好的跑步者。

·摘自《读者》（校园版）2019 年第 21 期·

我们体内的细胞竟有一半不属于人类

润 语

你听说过鲸落吗？当一头鲸死亡，身躯沉入深海，这并不意味着生命的终结。相反，鲸的巨型尸体会在接下来的几十年甚至上百年里，形成一个繁盛的生态系统，为各种海底生物提供源源不断的养分。大到盲鳗、睡鲨、深海蟹，小至深海特有的厌氧细菌，都能受到鲸鱼尸体的滋养。在漆黑的海底，这种由鲸鱼尸体形成的生命孤岛，就被称作鲸落。

人是拥有 10 万亿个微生物的"生态系统"

现代人常把自己称作孤岛，这或许是在抒发淡淡的悲伤。但在生理学上，这句话是成立的——人体中存在着 1 亿个以上的微生物群落，微生物总数超过 10 万亿个，涵盖了细菌、真菌、病毒，甚至还有少部分从远古洪荒穿越而来的古细菌。

如果把人体比作地球，那皮肤、肠道、口腔、呼吸道等部位就是微生物的非洲大草原，它们在这些地方同吃同住，既靠人体的滋养存活，也反过来作用于人体，影响身体机能，形成一个和谐的生态系统。

可以说，每个人的身体，都是比鲸落还要神奇瑰丽的生命奇迹。

来自比利时鲁汶大学的耶洛·恩雷教授是世界顶级的微生物学者，他发现了微生物与人类抑郁症的关系，并说："你不单单是一个人，还是行走的菌群。"

人类的祖先有很多，微生物就是其中一个。不过，看到这里，可能有的人心里还是会打鼓：身上这么多微生物，到底会对我干什么？

身体里的微生物会对我们干什么

首先，它们可能会改变我们的基因。

目前已经发现，人类基因组中有 8% 的序列来自逆转录病毒；还有科学家分析称，人类有 145 种基因片段来自细菌、病毒等微生物。也就是说，当代地球人的祖宗并不完全是人，还有部分是细菌和病毒。

先别慌，这些微生物基因片段是在人类漫长的进化过程中，通过一个又一个偶然的基因交换事件，一点点进入人类基因组的。

至于对人体的影响嘛，目前还不清楚。不过，反正它们也至少存在于人类基因组中几十万年了，算得上是祖传的染色体，既传之则安之，知道自己身世的你笑着活下去就好。

虽然对基因组没办法，但对那些还在人体上活蹦乱跳的微生物，科学家们倒是越来越关注了。比如肠道菌群。研究发现，克罗恩病、溃疡性结肠炎等炎症性肠病发病时，肠道菌群也会随之发生明显变化。而口服双歧杆菌等益生菌可以调整肠道菌群，对很多肠道疾病也有治疗作用，这也是消化科和儿科应用多年的基本操作。

什么是皮肤微生态

众所周知，皮肤同样是人体微生物聚居的重镇。在皮肤微生物里，74%~80%为细菌，5%~10%为真菌，10%~20%为病毒。其中关注度最高的，还是各种细菌在皮肤病中所扮演的角色。

从肠道的例子我们知道，调整局部微生态，可以治疗和预防相关部位的疾病，这个经验能否套用在皮肤上呢？

试想，如果可以通过某种手段来调节皮肤表面的微生态，从而实现对皮肤病的治疗，乃至达到美白、止痒、抗衰老的效果，那必将是科学界对皮肤疾病的认知及其治疗手段的巨大革命。

幸运的是，越来越多的研究结果照亮了人类在皮肤微生态调控方面的道路。

10万亿个微生物住在人体内，难免会拉帮结派，形成各种势力，互相倾轧，玩起"权力的游戏"。在部分皮肤病中，科学家们通过改变皮肤微生物菌群组成的比例，也可达到治疗效果。

像大家耳熟能详的皮肤病，例如痤疮、头皮屑（脂溢性皮炎）等，早已证明与微生物密切相关，对微生物的调控是治疗这些疾病的关键。

此外，皮肤上的微生物虽然互相打得热闹，但当它们面对来自外界的各种致病微生物和空气污染物时，还是能携手抗敌、抵御外侮的。它们能促进角质形成细胞分泌一类叫作"抗菌肽"的物质，不仅可以杀伤那些死皮赖脸凑上来的病原体，同时还具有防黏附属性，让污染物和病原菌不容易黏附到皮肤上，形成了一道生物学意义上的屏障。可以说，皮肤微生物就是人类的皮肤守卫。

皮肤微生态的调控助你防衰老

在万众期待的抗衰老方面，皮肤表面菌群也能一展身手。正如网上铺天盖地宣传的，氧化应激是皮肤老化的重要原因。而皮肤表面的细菌能够分泌一种强效抗氧化剂，明显改善角质形成细胞的氧化状况，从而延缓皮肤衰老。此外，这类抗氧化剂还能减少黑色素生成，甚至对黑色素细胞生长起到抑制作用，功能之全面，堪称完美。

除了抗衰老和美白，皮肤微生物对人体的重要作用还在于调节免疫系统。

大家都知道，免疫系统就是人体的卫兵，能抵御外来物质和生物的侵袭。可惜，卫兵也不是天生就知道谁是坏人的，它们认识的只有距离自己最近的皮肤微生物。这些微生物一次次地刺激人体免疫系统，让免疫细胞高度警惕，狠狠记住了它们的样子，保证以后再碰到它们绝不手软。可怜的免疫系统，就这么在无数次的伤害中慢慢锻炼成长。

有趣的是，因为每个人的皮肤微生物群都会随着外界环境、外伤、抗生素应用等因素的影响而改变，这就使得每个人的皮肤微生态都是独一无二的，可以给予自己的免疫系统独一无二的刺激和训练。利用这个原理，在未来也许可以选择性地训练免疫系统对某些物质过敏或耐受，造福广大过敏性疾病患者。

另外，皮肤菌群不仅仅作用于皮肤，甚至还能影响肠道菌群的稳定。多项研究显示，痤疮患者的肠道菌群中，梭状芽孢杆菌等益生菌所占的比例均发生下降。

总之，皮肤微生态的调控是目前皮肤科学界的热点之一，而化妆品则凭借其日常使用的便利性和频繁度，当仁不让地成为这场改革的弄潮儿。可惜，尽管所有人都知道这个领域的重要性和广阔前景，但目前始终缺少有效的调控手段，大家都只能在黑夜中摸索，默默准备自己的"黑科技"，期待能成为第一束照亮黑暗的火把。

也许在不久以后，我们就能在科技的帮助下，让身上的微生物宝宝们像小蜜蜂一样任劳任怨地干活，不分昼夜抗衰老，谈笑间成为能够调控自己身体微生物的美丽女王。

来自肠胃的决策

岑　嵘

＊

　　某位作家说过："我从小对讲出来的话就不大相信，越是声色俱厉、嗓门高亢，我越是不信。这种怀疑态度起源于我饥饿的肚肠。和任何话语相比，饥饿都是更大的真理。"这话很有道理。

　　19 世纪上半叶，大量的英国农民失去土地，一些移民机构看准了机会为海外的铁路工程招募苦力。然而让大英帝国的子民背井离乡、远渡重洋不是一件容易的事，于是那些移民代理人会做一些为失业者提供就业机会的演讲，而这些演讲中最受欢迎的则是大声朗读那些来自先走一步的移民的信件。

　　在这些信件中，大家最感兴趣的内容是关于食物的。一个名叫乔治·史密斯的移民在信中写道："我们到达（新西兰）的第一天的第一餐……有新鲜牛肉、嫩土豆和胡萝卜。"他还说，以前在英国，他们一家把猪头或几片培根当作好东西，而在新西兰，他可以一次性买半只甚至整只羊，牛肉也很便宜。

有些信件还提及他们可以买得起最好的带骨肉，两周用的牛油相当于他们以前 6 个月的消耗量。他们可以去商店用现金买上一大包糖和半箱茶，而在国内，他们省吃俭用也只能赊账买价值几便士的茶和糖。饥肠辘辘的农民咽着口水听得津津有味。

这些信件成了最好的移民广告，在 1815 年到 1930 年间，欧洲对外移民的人口大约有 5000 万。这些移民大部分去了美国，其他则去了加拿大、澳大利亚、新西兰等国家。他们带着对美好生活的期望去了新世界，而美好生活的具体含义就是能吃饱。

这些宣传大获成功的另一个原因在于，我们的肠胃会参与思考，并影响我们的大脑，替我们做出决策。

肠子在生理学中扮演着重要的角色，迷走神经负责把身体的信号传递给大脑，而其中大部分信号来自肠子。肠神经系统是唯一一个可以独立于大脑运作的神经系统，它包含了大约 1 亿个神经元，其神经传递介质的数量与大脑中的差不多，因此肠神经系统也被称为人体的"第二大脑"。

大脑和肠神经系统由迷走神经连接，就像两个大国首脑会互通消息影响对方的决策，一个大脑的状况往往会影响另一个大脑。比如面临威胁时，头部的"大脑"会让肠部的"大脑"停止消化，因为消化会消耗很多能量。而当肠胃感到饥饿时，大脑的思维同样会发生变化，我们会选择性关注食物的信息，不再关注别的事情。对饥肠辘辘的失业者描述食物的信息，其肠神经就会促使大脑下定决心，为了食物去冒险。

这也是减肥比我们想象的更困难的原因，当我们饥肠辘辘时，我们的肠胃会"挟持"我们的大脑去寻找食物,同时消减大脑的自制力,因此,减肥到最后大多以报复性的大吃而结束。

小说《围城》中孙柔嘉说:"男人吃不饱,要发脾气的。"这也是有道理的。进食会让人身心愉悦,大餐带来的不仅仅是味觉的享受,同时也会让身心放松,让我们自我感觉良好。总而言之,大脑的神经活动会影响消化,而肠部的神经活动会影响心情和思维。

·摘自《读者》(校园版)2019 年第 21 期·

DNA 揭开曹操身世之谜

王传超

我是王传超，来自厦门大学人类学研究所。我的主要研究方向是通过 DNA 来回答，我们的祖先是谁，我们从哪里来，又要到哪里去。

我在 10 年前干了一件非常"疯狂"的事情——我在全国范围内发出一则寻人启事，寻找曹操的后代。

曹操是东汉末年的人，距我们有 1800 多年。那么，我们如何在中国现在的 10 多亿人里判断谁可能是曹操的后代呢？

我们研究的工具就是男性所特有的一种 Y 染色体，它只能由父亲传给儿子，我们试图从现代姓曹的人里面寻找共同的特征。

但是在实际操作中，我们遇到了更大的困难：姓"曹"的人现在在中国有 700 多万，都筛选一遍不太现实。于是我们又增加了一个新的坐标——家谱。

家谱在中国有非常悠久的历史。我们翻遍了全国的曹姓家谱，拜访了所有跟曹操相关的家族。从北方到南方，一共调查了 79 个曹姓家族，取得了几百份样本。

我们为什么会对曹操的身世之谜如此感兴趣？

首先，曹操非常有名，看过《三国演义》的人都知道他。

其次，曹操的身世存在争议。曹操的爷爷是一个太监，所以不大可能拥有自己亲生的后代。因此在当时，曹操的身世就一直为世家大族所诟病。

那曹操怎么介绍他自己的身世？

他说自己是汉丞相曹参的后代——"汉相国参之后"，这里的"参"指的是"萧规曹随"里的曹参。在三国时期，一个人的出身很可能就决定了他的政治生涯。曹操说自己是曹参的后代，这就为他辅佐汉室，提供了一个非常正当的理由。

但是，曹操的一些敌人怎么说？袁绍当时攻打曹操，他说曹操的父亲曹嵩其实是街边的乞丐抱养过来的——"父嵩，乞丐携养"。《曹瞒传》说曹操的父亲曹嵩是夏侯氏之子，曹操和夏侯惇是堂兄弟——"太祖于惇为从父兄弟"。

我们通过分析 DNA 发现，在家谱上说自己是曹操后代的这些人，有一种以非常高频率出现的 Y 染色体类型（O2）；我们也调查了自称是曹参后代但不是曹操后代的那些人，他们有另外一种 Y 染色体类型（O3）。O2 和 O3 虽然只差一个数字，但它们中间隔了 2 万多年。所以，曹操很可能是自己杜撰了曹参后代的身份。

为了进一步查清曹操究竟是谁，我们又跑到了曹操的老家——安徽亳州。安徽亳州是曹操的爷爷发迹的地方，那里有一个方圆几千米的曹氏墓葬群。我们从里面选取了一个有确切身份记载（曹操的叔爷爷曹鼎）的墓葬，然后在墓葬主人的一颗牙上钻了个小孔，取出粉末来提取 DNA。结果发现，曹操的叔爷爷与曹操当今后代的 Y 染色体类型是一样的。

也就是说，曹操其实与叔爷爷属于同族，而不是街头乞丐抱养的后代；同时，他也不是夏侯氏的后代。这说明，当时的袁绍和《曹瞒传》中所说的曹操身份来历不明都是在抹黑他，而我们的研究在一定程度上为曹操正了名。

大家可能会觉得，我的研究虽然有趣，但是有什么用呢？

如果 DNA 研究只是去追溯一个普通人的祖先是谁，来自哪里，可能确实没有什么用；但如果用它来破解犯罪分子的身份，推测嫌疑人可能来自什么地方，就会对破案有很大的帮助。我们可以通过犯罪人在犯罪现场遗留的 DNA 来判断嫌疑人是男是女，可能来自什么地方，面部特征（如头发颜色、眼睛颜色，单眼皮还是双眼皮）是什么，从而勾画出一个大致的轮廓。

如果这些信息还不足以让警方破案，我们还有更厉害的手段。

从理论上讲，只要有 2% 的成年人在数据库提交自己的 DNA 信息，我们就可以追踪到任何人的远亲，进而揭露他们的身份。

2016 年，警方破获了一起 30 多年前的陈年旧案——甘肃白银连环杀人案。破案的关键就是，犯罪分子的一个远房亲戚由于犯罪被公安机关提取了 DNA 样本，据此顺藤摸瓜追溯到了罪犯。

·摘自《读者》（校园版）2020 年第 5 期·

你知道血型是如何被发现的吗

小　山

　　卡尔·兰德斯坦纳是奥地利著名的医学家。他因发现了 A、B、O、AB 四种血型中的前三种，于 1930 年获得诺贝尔生理学或医学奖。

　　1900 年，兰德斯坦纳在维也纳病理研究所工作时，发现了甲的血清与乙的红细胞凝结的现象。这一现象以往并没有得到医学界足够的重视，但它的存在对病人的生命是一个极大的威胁。兰德斯坦纳对这个问题非常感兴趣，并开始了认真、系统的研究。

　　经过长期的思考，兰德斯坦纳终于想到：会不会是输血人的血液与受血者身体里的血液混合产生了病理变化，从而导致受血者死亡？ 1900 年，他用 22 位同事的正常血液交叉混合，发现红细胞和血浆之间产生了微妙的反应。也就是说，某些血浆能促使另一些人的红细胞发生凝结现象，但有的也不发生凝结现象。于是，他将22人的血液实验结果编写在一个表格中。通过仔细观察这份表格，他终于发现人类的血液按红细胞与血清中的不同抗原和抗体可分为许多类型，于是他把表格中的血型分成三种：A、B、O。不同血型的血液混合在一起就会出现不同的情况，就可能发生凝血、溶血现象，这些现象如果发生在人体内，就会危及生命。

1902年，兰德斯坦纳的两名学生把实验范围扩大到155人，发现除A、B、O三种血型外，还存在着一种较为稀少的类型——后来被称为AB型。1927年，兰德斯坦纳的研究成果——血型有A、B、O、AB四种类型——得到国际社会的认可。至此，现代血型系统正式确立。兰德斯坦纳也因这项意义重大的发现，获得了诺贝尔生理学或医学奖。

兰德斯坦纳的这一研究找到了以往输血失败的主要原因，为安全输血提供了理论指导。但在当时许多人并没有真正重视这项科学发现在医学上的重要意义，所以兰德斯坦纳并没有因此而扬名，直到8年后，一个偶然事件才使他声名大噪。

1908年，兰德斯坦纳离开了维也纳病理研究所，到威海米娜医院当医生。一天上午，威海米娜医院的大厅里传来一个女人的痛哭声。兰德斯坦纳正好从这里经过，便上前查看。原来是她的孩子生病发烧，几天后突然下肢瘫痪，医生们对此都毫无办法，他们认为这是一种不治之症，无能为力。在绝望的情况下，那位母亲除了痛哭还有什么办法呢？兰德斯坦纳仔细检查了患儿，觉得似乎并非只有死路一条，因为根据他多年研究的结果，从理论上讲治疗这种病是有一定依据的，只是还没有成功的经验。兰德斯坦纳将这种情况告诉了患儿的母亲，已经绝望的母亲似乎又看到一丝希望，她决定让兰德斯坦纳试一试。兰德斯坦纳运用血清免疫的原理把病人的病原因子输到一只猴子身上，待猴子产生抗体之后，再把猴子的血液制成含有抗体的血清，然后接种到患儿身上，生病的孩子很快就被治愈了。

兰德斯坦纳从此出了名。奥地利医学界人士承认他很有才能，维也纳大学聘请他为病理学教授。但兰德斯坦纳最关心的还是血型研究。他因工作在奥地利不受重视，辗转到美国的洛克菲勒医学院做研究员。

在当时，以 A、B、AB、O 四种血型进行输血，输同型血后偶尔还会发生溶血现象，这对病人的生命安全是一个极大的威胁。1927 年，兰德斯坦纳与美国免疫学家菲利普·列文共同发现了血液中的 M、N、P 因子，从而比较科学、完整地解释了某些多次输同型血后发生的溶血反应和妇产科中的新生儿溶血症问题。

兰德斯坦纳的人类血型研究成果，不仅为安全输血和治疗新生儿溶血症提供了科学的理论基础，而且对免疫学、遗传学、法医学等都具有重大意义。

·摘自《读者》（校园版）2020 年第 8 期·

人造病毒怎么造？它安全吗？

大科技

病毒是一种古老的微小非细胞生物，在世界上还没有人类的时候，病毒就已经存在。病毒在历史上曾对人类造成了无数次重大伤害，人类与病毒的斗争从未停歇。

今天，我们虽然还不能彻底战胜病毒，但已逐渐摸索到了病毒的特性，开始用各种手段阻止病毒的侵害，并且科学家已经初步具备制造人造病毒的能力。

逆向遗传技术合成病毒

人造病毒可以分为合成病毒和重组病毒两类，如果你对这两个词语感到陌生，那将病毒替换成 DNA 也许你会熟悉一些。近年来，DNA 的合成和重组已不是新鲜事，而人造病毒本质上就是制造一些新的病毒 DNA（或 RNA）。

发生于 1918 年的"西班牙大流感"，当时席卷了整个世界，在一年半的时间里，造成了数千万人死亡。但这个"死神"在收割了这么多人的生命后就藏了起来，人们并没有看到它的长相，也不知道它到底是谁。

直到 1933 年，英国科学家才分离出第一个人类流感病毒，并命名为 H_1N_1，从此人们才知道流行性感冒是由流感病毒造成的。

2002 年 10 月，美国国防病理中心与纽约西奈山医学院的微生物学家合作，开始尝试重建病毒。在一个实验中，他们成功制造了一种含有两个"1918 病毒"基因的病毒。2005 年 10 月 5 日，研究人员宣布"1918 病毒"的基因序列已经被重组。

病毒是如何被重建的

以流感病毒为例，它由 RNA 与蛋白质构成，遗传物质是 RNA。RNA 在逆转录酶（RNA 的 DNA 聚合酶）的作用下转变为互补 DNA（cDNA），新合成的 cDNA 指导蛋白质的合成。研究人员从当年病人的尸体中提取了病毒的 cDNA，采用逆向遗传技术，用逆转录酶识别 cDNA，并根据它的序列合成了对应的 RNA，得到的 RNA 片段与 1933 年英国科学家分离出的流感病毒的 RNA 非常相似。

利用人工合成的 RNA，科学家终于重建了"西班牙大流感"的病毒。

通过提取或合成病毒的 cDNA 来重新合成 RNA 病毒，是第一种制造人造病毒的方法。许多科学家用这种方法合成了多种病毒，比如脊髓灰质炎病毒。2002 年，美国纽约州立大学的生物学家切洛用这种方法合成了一种毒性更低的脊髓灰质炎病毒。这种病毒可以作为疫苗使人体产生抗体，降低了该病的发病率。

基因编辑改造病毒

与合成病毒相比，用基因编辑的方法改造天然病毒，是一种更有针对性也更简单的方法，可以制造出感染对象、感染性和致病性等都不同的新型病毒。

许多常见的病毒都有"孪生兄弟"，它们彼此之间很相似，但是可能仅仅是一段或几段氨基酸的不同就决定了它们的"眼光"不一样。比如疱疹病毒，是一种只"青睐"人类的病毒，不会感染其他动物。这样，科学家就不能用动物实验来寻找治疗药物，但通过改造它的一些蛋白质，可以让它获得感染动物的能力。

葡萄牙医药分子研究所的佩德罗·西马斯博士运用基因编辑方法，将疱疹病毒中与人体细胞结合的蛋白质改造成另一种只能与小鼠细胞结合的蛋白质，改造后的疱疹病毒就只"青睐"小鼠，而不会再感染人类。

科学研究的危险游戏

知道了制造人造病毒的方法，你可能会想，虽然我们最开始制造病毒是为了找到它的原型并寻找对抗它的方法，但是如果制造出的是一种我们从未见过或已经打败的病毒，我们对它没有丝毫的免疫力，这不是太可怕了吗？

1979 年，世界卫生组织宣布，通过接种天花疫苗，人类彻底战胜了天花这一疾病，自然界已不存在天花病毒。此后我们也不再接种天花疫苗了，这也意味着人类对天花病毒不再具有免疫力。

可是 2017 年，加拿大艾伯特大学的一个研究小组宣称，他们合成了一种与天花病毒同源的马痘病毒。虽然这个病毒同样是作为疫苗使用的，它可以让小鼠获得抵抗水痘病毒的免疫力；但是，就连研究小组成员都承认它具有风险。因为当它被使用到人体中时，谁也不知道会不会使人们患上新型天花，再次出现尸殍遍野的惨象。

2003 年，曾在全球传播的 SARS 病毒具有多种"孪生兄弟"。2016 年，美国北卡罗米纳大学的病理学家维埃特·梅纳雷在小鼠体内找到一种 SARS 的"孪生兄弟"，它本身不感染人体。但梅纳雷在这种病毒的基因组中加入了编码 SARS 与人体细胞结合的蛋白质的基因，制造了一种被称为 SHC014 的重组病毒，使它获得了感染人体的能力，人体细胞对它完全没有免疫力。

人造病毒与 P4 实验室

可以想见，如果人造病毒从实验室中"跑"出来，将掀起一场多么可怕的灾难。那么，人造病毒会"跑"出来吗？

为了治疗疾病，我们必须研究病毒，但是因为病毒具有传染性和致病性，我们不能在普通的实验室里研究，只能在生物安全等级最高的 P4 实验室中研究。

生物安全实验室是有等级划分的，按照研究对象的危险程度分为四类：BSL-1、BSL-2、BSL-3、BSL-4。BSL 是指 Biosafety Level，即生物安全等级，等级越高，意味着防护级别越高，就能研究具有更大传染性和危害性的病原体。不同级别的实验室需要不同级别的保护，根据各级实验室的安全设备和个体防护注意事项又分为 P1、P2、P3、P4（P 代表英文 Protection，防卫和防护的意思）。

研究人员进入 P4 实验室就像进入 ICU 一样要全副武装，穿上一套像宇航服一样的防护服，身体的各个部位都被封锁在里面，在衣服里充入高压气体防护层，还要在出入时喷洒化学药水消毒。

实验室内部有呼吸管，它们与防护服相连，向科研人员输送洁净的空气，研究人员在防护服内进行呼吸，完全隔绝外界空气。实验室的废气和废液需要经过两级高效过滤器处理才能排放，感染性材料和被污染的器具等固体污染物要经过高压蒸汽灭菌处理，再运到专业医疗废弃物公司做无害化焚烧处理。在这样的严防死守下，病毒基本没有"逃离"的可能性。

人造病毒会成为生物武器吗

排除了无意逃离的可能，会不会有"疯狂科学家"故意释放病毒做人体实验，或者某些国家用人造病毒作为生物武器呢？目前来看，这种可能性也不大。虽然许多国家和科学家都具备制造人造病毒的能力，但是还不具备制造针对某些人种或某一类人的病毒的能力，也就无法控制制造出的病毒的传染性和杀伤力。

其实，在人类种群中，不同人种的基因组仅有不到0.01%的差异，再加上不同人种间常常通婚，使得人种之间的基因差距更小；而且病毒的遗传物质很小也很不稳定，发生突变的速度比人类快得多。在这样的情况下，如何保证设计出的病毒能仅针对某些种族或人群呢？在此情况下，如果仍有人坚持制造"人种灭绝病毒"，他们必将自食恶果。

·摘自《读者》（校园版）2020 年第 8 期·

"敬畏自然"不是一句漂亮话

刘永谋

一

美国作家理查德·普雷斯顿的《血疫：埃博拉的故事》（以下简称《血疫》）是一部非虚构的纪实文学作品，出版于 1994 年，当年占据《纽约时报》非虚构类畅销书榜单榜首达 61 周之久，并很快被翻译为 30 多种文字。新冠肺炎疫情期间，我读这本书，真可谓"战战兢兢，汗不敢出"，最大的感触是招惹病毒绝对是一件"惊悚"的事情，"敬畏自然"不是一句漂亮话，它是人类繁衍生息、社会长治久安的基础。

2019 年 5 月，《血疫》被改编为同名电视剧，被划归为惊悚片，豆瓣给出相当高的 8.1 分。的确，惊悚是该书最鲜明的特色。这部书原名 The

Hot Zone，意思是"热点地区"，中文译名《血疫》则散发着紧张到令人心悸的危险气息。但最为传神的当数电视剧的中文译名《埃博拉浩劫》。

在人类已知的病毒中，埃博拉一般被认为是最致命的，其致死率在90%以上。埃博拉病毒传染性极强，血液中5~10个病毒粒子就能在人体内暴发。少量埃博拉病毒进入中央空调系统，足以杀死一幢大楼中的所有人。它专门杀死包括人类在内的灵长类动物，又可以跨物种传播，人类至今没有查出它的原始宿主。关于埃博拉病毒的危险性，书中有个形象比喻——"人命的黑板刷"，还有个直白对比：与埃博拉相比，艾滋病像儿童玩具。

埃博拉病毒每一次在人类社会登场，都会造成巨大的恐慌。它本来存在于非洲原始丛林中，拜频繁、密集和高效的全球物资和人员流动网络所赐，才得以走出非洲，出现在德国马尔堡和美国华盛顿近郊。

如此致命的病毒，竟然不是遥远的传说，而是藏身于文明社会。不用看书看剧，对比一下新冠肺炎疫情，就可以想见其可能导致何种结果。后来，菲律宾猴群中也暴发了埃博拉疫情，科学家至今也没搞懂埃博拉是如何从非洲腹地来到东南亚热带雨林的。总之，埃博拉神出鬼没，如杀手一般潜伏，伺机暴起，无情杀戮人类。

普雷斯顿擅长用真相展示埃博拉病毒的危险。他采访当事人，查阅一手资料，到事发地现场考察。书中对话尽量还原亲历者的回忆，多方交叉印证，心理描写不是付诸虚构，而是基于访谈。

我印象最深的细节，是他对一位女病毒学家经历的极度恐慌的刻画：她全副武装，在最高生物安全级别的实验室中，聚精会神地处理感染埃博拉的猴尸，突然她发现防护服有裂缝，脏血渗进防护服，手套表面明显被污染，而她的手有伤，贴着创可贴……死神，离她真的只有一层薄薄的橡胶手套!

不过我相信,语言是贫乏的,真实情况远比文字更为惊心动魄。就像当下,在一线应对新型冠状病毒的科学家、医生和护理人员,都承受着难以想象的巨大压力。正如书中资深专家所说的,许多新手不敢进入实验室最危险的区域,飞机到了疫区不敢降落,这没什么奇怪的。对此,普雷斯顿感同身受,而他也获得了美国疾控中心颁发的"防疫斗士奖",成为有史以来唯一以非医师身份获奖的人。

二

惊悚让懦夫崩溃,却让勇者冷静。《血疫》不打算单纯地恐吓读者,而是想穿透惊悚,传达极其深刻的思想。

病毒远比一般人想象的强大得多,没有证据表明人类曾消灭过任何一种病毒,顶多是将某种病毒赶出人类社会。埃博拉亦如此,它仍然在各地丛林中潜藏着。科技再发达,要完全消灭病毒也是不可能的。人类必须敬畏病毒,远离病毒的领地。

包括埃博拉病毒、艾滋病毒在内的许多致命病毒,都源自人迹罕至的原始森林。它们的历史远比人类长久,埃博拉病毒几乎与地球同样古老。亿万年来,它们生存于蛮荒之中,与人类文明泾渭分明。如果不是人类破坏丛林,进入病毒栖息地,它们怎么会出现在人类世界呢?并不是病毒侵犯我们,而是我们狂妄地侵犯了病毒。

再往深里思考,致命病毒是不是地球针对人类的免疫反应呢?病毒不断复制,威胁宿主的健康和生命,人体免疫系统会对病毒发动攻击。工业革命以来,人类像病毒一般大量繁殖,作者怀疑地球生物圈能否承受 50 亿人口,而今天世界人口已达到 76 亿。

除了不断繁殖，人类还像病毒一样对自然环境进行破坏，消耗和浪费自然资源，灭绝其他物种，污染空气、水和土壤。地球的免疫系统会容忍"病毒人类"破坏生物圈吗？普雷斯顿认为，地球开始清除人类，针对人类的艾滋病可能是清除计划的第一步。

再看看我们正在面对的新冠肺炎疫情，不能说普雷斯顿的想法完全是妄想。表面上看起来，21世纪的人类前所未有的强大。可是，一场致死率2.7%（据最新数据）的传染病，一个多月时间就引起全世界震动。如果埃博拉病毒满世界传播，人类会不会灭绝？在自然面前，人类敢说伟大吗？敬畏自然，真的不是一句漂亮话。

关于环境保护的理由，一直有所谓人类中心主义和非人类中心主义的争论。人类为什么要保护环境？人类中心主义说，保护环境是为了人自己，如果环境被破坏人类就生存不下去；反对意见说，环境完全被破坏，可以人造生态环境，比如太空站，所以不用担心。非人类中心主义说，保护环境是因为环境本身就是有价值的；反对意见说，大熊猫有价值我承认，但要说苍蝇、细菌和病毒有价值，实在不能接受。因此，持两种不同观点的人争论不休。

读完《血疫》，我感到"保护环境"这种说法极其狂妄。自然不需要人类的保护，地球更不需要人类的保护，人类能不能保护自己都值得怀疑，谈何保护自然和地球呢？反过来说，人类也没有毁灭自然和地球的能力。

有人担心人类造成的污染可能会毁灭地球上所有的生物，在我看来，这是完全不可能的。举个例子，有人担心塑料会"杀死"自然界，因为塑料难降解，塑料袋留在水里，很多鱼、鸟因长期摄入塑料颗粒而死亡。地球已经有几十亿年的历史，历经小行星撞击、火山、地震、生物大灭绝和极寒冰川期，自然和生命依然安好。即使塑料布满整个地球，生命会毁灭吗？绝对不会，但人类因此而灭绝倒是非常可能的。所以，控制塑料的使用，是为了保护人类自己，而不是人类以为的保护自然和地球。

在地球生命史上，许多显赫一时的物种消失了。不敬畏自然，人类很快也会跻身其中。敬畏自然，并不是人类道德优越的宣示，而是保命存身的明智之举。

·摘自《读者》（校园版）2020 年第 9 期·

告别天花

【美】卡尔·齐默

刘　旸　编译

　　人类漫长的发展史，也是一部与传染病不断做斗争的历史。鼠疫、天花、流感、霍乱、疟疾……多少肆虐的病毒细菌，让人类闻风丧胆、损失惨重。而时至今日，被人类彻底消灭的，只有天花。这是一场漫长的告别，在经历了对天花长达3500年的恐惧和困惑之后，我们终于开始对它有了一些了解，并终于能阻止它对人类的伤害。

　　这真是人类的一大壮举。在过去的3000多年里，天花杀死的人可能比地球上任何其他疾病杀死的人都多。古代医生就知道天花，因为它症状清晰，与众不同。天花病毒通过进攻呼吸道感染受害者，大约一周后，感染引起寒战、发烧和难忍的疼痛。几天后退烧了，但病毒远未罢手，病人先是口腔中出现红斑，然后扩散到脸上，最后蔓延到全身。斑点里充满了脓液，给人带来难以忍受的刺痛。大约 1/3 的天花患者会丧命，哪怕幸存下来，脓疱也会结成厚痂，在病人身上留下永不消退的深疤。

大约 3500 年前，天花在人类社会中第一次留下可追溯的痕迹：人们发现 3 具古埃及木乃伊身上布满了脓疱留下的伤疤。包括中国、印度和古希腊在内的许多古代文明中心，也都领教过这种病毒的威力。公元前 430 年，一场天花疫情席卷雅典，杀死了 1/4 的雅典军人和城市居民。中世纪，十字军从中东归来，也把天花带回了欧洲。每当病毒抵达一个新的地区，当地人对病毒几乎毫无招架之力，病毒的影响也是毁灭性的。

1241 年，天花首次登陆冰岛，迅速杀死了两万人，要知道当时整座岛屿也只有 7 万居民。城市化的进程给病毒传播提供了捷径，天花在亚非欧大陆如鱼得水。1400—1800 年，仅在欧洲，每百年就有大约 5 亿人死于天花，受害者不乏俄罗斯沙皇彼得二世、英国女王玛丽二世及奥地利的约瑟夫一世等君王。

世界上第一种有效预防天花传播的方法可能出现在公元 900 年的中国。医生会用工具在天花患者的伤疤上蹭一下，然后将其放在健康人皮肤上的切口里摩擦一下（有时他们也把伤疤做成可以吸入的粉末，来给健康人接种）。这个过程称为"人痘"接种，通常只会在接种者的手臂上形成一个小脓疱。脓疱脱落后，接种者就对天花免疫了。

至少这是个办法。通常情况下，接种人痘会引发脓疱，有 2% 的死亡率。然而，2% 的死亡率比感染天花之后 30% 的死亡率强多了。接种人痘预防天花的方法沿着贸易交流的丝绸之路向西传播，17 世纪初传入伊斯坦布尔。免疫成功的消息又从伊斯坦布尔传到欧洲，欧洲医生也开始练习接种人痘。

当时，自然没有人知道接种人痘为什么有效，因为还没人知道什么是病毒，也没人知道我们的免疫系统是如何对抗病毒的。而天花的治疗手段在不断的试验和试错中得以完善。18世纪末，英国医生爱德华·詹纳终于发明了一种更安全的天花疫苗。这个伟大的发明源于他听说的一系列民间故事。有几次詹纳医生听说，农场的挤牛奶女工从来不会得天花，他想，牛会感染牛痘，而牛痘的表现和天花很像，会不会是牛痘给挤牛奶的人提供了保护呢？他从一个叫莎拉·内尔姆斯的挤牛奶女工手上取得牛痘脓液，接种到一个男孩的胳膊里。这个男孩长出了几个小脓疱，除此之外没有任何症状。6个星期后，詹纳又用人痘对男孩进行了测试——换句话说，他让男孩暴露在真正的人类天花面前。结果男孩完全没有新的脓疱长出来。

在一本印刷于1798年的小册子里，詹纳公布了这种全新且更为安全的天花预防方法。詹纳把他发明的方法称为"种痘"，这个名字来源于拉丁语的"牛痘"。此后3年内，英国有逾10万人进行了牛痘接种，接种牛痘的技术进而又在世界各地传播开来。

整个19世纪，医生们一直专注于寻找更好的天花疫苗。一些人把小牛当成"疫苗工厂"，让它们反复感染牛痘。一些人尝试用甘油等液体保护病人的伤疤。直到科学家发现天花实际上是由病毒引起的，疫苗才终于可以工业化生产，被运送到更广大的范围造福更多的人。

随着疫苗的普及，天花不断丢失它的城池。20世纪初，一个又一个国家报告他们消灭了最后一例天花。1959年，天花已经从欧洲和北美洲全面溃退，只在一些医疗力量相对薄弱的热带国家尚有余威。既然天花已经被逼到只剩最后一口气，公共卫生领域的科学家开始谋划一个大胆的目标：从地球上彻底消灭天花。

疫情不断暴发，又一次次被击退，直到1977年，埃塞俄比亚记录了世界上最后一例天花被消灭。人类世界彻底告别了天花。

·摘自《读者》（校园版）2020年第9期·

可乐气泡新发现

Chenyu Zhu

先来回忆一下我们喝"肥宅快乐水"时的情景:将一罐可乐倒入杯中,杯子里"嘭嘭嘭"地产生了许多气泡,随后,气泡慢慢浮上来。这个现象用物理原理解释就是气泡的密度小于可乐的密度,于是可乐给气泡的浮力大于气泡的重力,导致气泡向上运动。

不过请注意,这里的杯子是大家都有的普通杯子。但如果是一个不普通的杯子,比如,细如一根吸管的杯子呢?

100 多年前,就有科学家发现,如果一根很细的管子里盛有液体,那么里面的气泡就不会往上浮动。至于为什么会产生这样的现象,则成了困扰科学家们一个世纪的难题。

其实在很早以前,就有人尝试摘下破解这个难题的胜利果实。20 世纪 60 年代，一位名叫布雷瑟顿的物理学家第一个尝试对这个反常的现象做出解释。因此这个问题也被称为"布雷瑟顿问题"。

布雷瑟顿假设，在细管中的气泡周围包裹着一层非常薄的液体薄膜，它薄到我们的肉眼观察不到。这个液体薄膜会和管壁接触，当浮力想让气泡往上漂浮时，便会产生摩擦阻力，当重力、浮力、摩擦力平衡以后，气泡便静止不动了。然而理论再完美，也需实验证明。为了在实验中观察到液体薄膜的存在，布雷瑟顿设计了一个实验装置尝试观测它。然而实验数据与理论预测完全不符，假设不成立。

科学家们并没有停止探索，可即便他们在后续的各种实验中绞尽脑汁，设计了各种复杂的实验装置，却都未能发现液体薄膜的存在。

然而最近，这个困扰无数科学家一个世纪的难题，竟然被一个本科生破解了。在瑞士联邦理工学院柔性界面工程力学实验室实习的本科生沃斯姆设计了一个新的实验装置，发现了这种液体薄膜的存在。

他和实验室负责人科林斯基使用了一束光，照在样本上，然后又使用了一种定制的干涉显微镜测量反射回来的干涉光。物理课本告诉我们，光在通过不同介质的界面时，会反射一部分回来，因此，光在通过管壁与薄膜、薄膜与气泡这两个界面时都会反射一部分。但由于通过薄膜与气泡界面反射回来的光，相比前者多走了薄膜两倍宽的距离，于是这反射回来的两束光就会有一个相位差，因此它们会产生干涉现象。

根据这个实验原理，他们俩成功测量出薄膜的厚度——大约是 1 纳米！现在你该知道为什么那么多科学家做了那么多实验都找不到气泡上的薄膜了吧，因为它实在是太薄了！

好了，难题是被破解了。但另一个问题是，一个世纪以来的科学家们怎么都那么闲，一定要弄明白气泡为什么在细管容器里不能浮上水面？

其实只有破解这个难题，或许才能回答另一个困惑科学家们很久的问题：为什么疏松多孔的岩石中能够存储天然气？

如果天然气在岩石中也被一层很薄的液体薄膜包围着，那么它确实可以附着在多孔的岩石中不上浮。沃斯姆还指出，当加热管壁后，这层薄膜会逐渐消失，这或许为以后研究、开发天然气提供了理论与技术上的指导。

如果海洋里所有的盐突然消失了，会发生什么

大科技

如果海水里没有了盐，那么地球上的淡水资源就大量增加了。不过，对于为日益减少的淡水资源而发愁的我们来说，这并不是好事。

1 升海水含有约 35 克的溶解盐，因此要淡化整个海洋就需要去除大约 4500 亿吨盐。溶解盐突然消失，会使海水密度变小，对海床的压力也将减小，这可能会引发全球地震和火山爆发，带来全球性灾难。

海水中的盐消失几个小时后，由于渗透作用，几乎所有的海洋生物都会因为细胞膨胀破裂而死亡。这些死去的生物会沉入海底，但它们的尸体不会腐烂，因为所有的海洋细菌都会死亡。海洋生物的死亡还会影响陆地生物的生存。地球上至少有一半以上的氧气是由海藻产生的，海洋中的藻类死亡使地球上氧气含量骤减，所以陆地上也会发生大规模的

物种灭绝。

　　此外，海洋中的暖流可以给寒冷的地区带去温暖，寒流给炎热的地区带去凉爽，而洋流的存在是因为海洋中各海区的盐度不同。如果海水中没有了盐，那么洋流也就不存在了，寒冷的地方冬天会非常寒冷，而炎热的地方夏天更加炎热。没有寒流帮助降温，赤道附近的海区海水温度升高，将为飓风的产生创造条件。

　　可以说，海水中的盐分消失不仅会导致海洋生物灭绝，也会使陆地生物大量死亡。不过，这种情况不会一直持续下去，因为陆地上的河流会持续地将溶解于水中的矿物质带到海中。当然，要恢复海洋的盐度，可能需要数万年的时间。

·摘自《读者》（校园版）2020 年第 12 期·

生物圈的奥秘

【德】埃莉·H.拉丁格

张　静　赵莉妍　编译

是谁拯救了世界？

秋季是拉马尔山谷一年之中最美丽的季节，连绵的群山被金黄色的白杨和血红色的枫树渲染得令人迷醉。第一场雪过后，游客的数量明显减少。初雪残留在峰顶上，像是撒上去的糖霜。野牛背上挂着夜里落下的白霜，鹿群已经到了求爱季，而野熊正忙着在漫长的冬眠前吃饱肚子。天气晴朗的时候，人们会看到在空中翱翔的白头海雕。

不过，对狼群而言，秋天是个艰难的季节，幼狼因为还小不能帮助捕猎而成为狼群的负担。秋天里的猎物正是膘肥体壮的时候，狼群总是要费好大力气狩猎，才能喂饱所有的孩子。狼群越大，此时就越艰难，因为狼群中一些性成熟的狼还会选择在这个时候离开领地。所以，秋天也是告别的季节。

一个寒冷的早上，我在日出之前就进入了山谷。停好车后，我降下了还挂着霜的车窗。时值麋鹿交配季，人们总是能听到它们奇怪的叫声，就像是咯吱吱的门响混合着驴叫。那嘶哑的叫声和它们看起来高大的体形极不相配，以至于当游客们第一次听到这种声音时，总会下意识地转身，向别处寻找声音的来源。交配时的麋鹿非常好斗，甚至会把汽车当成假想敌进行攻击。因为在既定的时间内完成择偶、竞争、交配所有这些事情，会使麋鹿产生很大的压力，导致它们根本无法分辨出在自己面前的到底是一只狼、一头灰熊，还是一辆汽车。所以，在交配结束的时候，这种体形巨大的鹿往往会累得精疲力竭，几乎站不住脚。

我从车窗向外看到山谷间有鸟飞起，还有郊狼跑来跑去。原来是狼群夜间猎鹿后，留下了残尸。白头海雕、乌鸦和郊狼正在分享野狼吃剩的东西。要不了多久，野熊也会赶过来，索取属于它的那一份。于是，我赶紧下车架好望远镜。虽然狼群已经离开，但我知道剩下的残尸依然会是件很好的"教具"，向我们展示大自然不会浪费一丁点儿食物。

在接下来的几个小时里，"餐桌"旁先后出现了六只郊狼、两只白头海雕、一只金雕和一头灰熊，当然还有数不清的乌鸦和喜鹊，它们在争夺碎肉。

据我所知，黄石公园内还有450种以尸体为食物的甲虫，其中有50多种以狼群的猎物为食。另外，还有一些甲虫除了吃尸体，也吃其他甲虫。所以，每具动物的尸体上肯定还存在着一个由各类甲虫构成的"微世界"。

最后，动物尸体所在的地方只会剩下变了色的骨头，而这一切过程只需要几个月、几个星期，甚至几天的时间。另外，尸体下面的土壤也会比其他地方富含100%~600%的氮、磷、钾元素。而像驼鹿这样的动物就爱吃氮含量高的植物,它们排出的尿液和粪便会让土壤更加肥沃。因此,动物尸体所在的地方还会生出许多菌菇。

其实,人类对于自然界的内在联系了解得并不多。我有幸因为长期观察野狼,才渐渐明白这种联系并不局限于单个物种之间,而是存在于所有物种之间。

生态系统是一个整体。它像一张精细而敏感的网,所有动植物,包括人类在内,都有自己的位置,少了其中任何一个,这个系统就像缺了一块拼图一样无法成形。野狼在这其中是非常重要的一个物种,它们在消失70年后重返黄石公园,这里的一切也都随之发生了改变。

野狼的回归使黄石公园的生物圈重新洗牌,不仅许多物种迎来了新的存活规则,连黄石公园内的环境结构也发生了改变。这些影响就是生物学家所谓的“恐惧生态”。

在野狼重现的最初两年里,黄石公园内的郊狼数量减少了一半。郊狼比野狼个头小,是野狼的亲戚,它们因被野狼看作抢夺食物的对手而被杀。此时,作为郊狼食物的各种啮齿类动物得以大量繁殖,连锁导致鹰、猫头鹰、狐狸、鼬和獾的数量增长。

野狼的回归,还很快引起了灰熊的重视,因为它们知道,只要跟着野狼就有肉吃。灰熊学会了在最短的时间内“接管”野狼的猎物,这使得越来越多的灰熊提早从冬眠中醒来,因为即便是在隆冬和早春,野狼也会为它们“准备”足够的蛋白质。特别是对分娩后、饥肠辘辘的母熊来说,野狼猎到的鲜肉是它们最佳的食物和能量来源。

在此期间,被猎食物种的情况也发生了一些改变。例如,叉角羚把自己的分娩地迁到了野狼的巢穴附近。人们难以理解,这样令人吃惊的行为真的是野狼回归导致的吗？它们这不是自寻死路吗？真实情况恰恰相反：每年，新出生的小叉角羚都是郊狼的"时令大餐"。郊狼虽然动作很敏捷，但狩猎成年叉角羚依然要耗费大量力气，所以狡猾的郊狼会将刚刚出生、还不会跑的小叉角羚选作猎食目标，趁机猎杀它们。在野狼回归之前，羚羊妈妈唯一的解决方法就是藏在树丛里分娩。但今天我们知道了，叉角羚成活率最高的分娩地是在野狼的巢穴附近，这是因为叉角羚跑得太快，野狼很少去猎杀它们，而郊狼又视野狼为瘟疫避之唯恐不及。所以，这些聪明的食草动物（叉角羚）就为自己的宝宝挑选了最安全的出生地——野狼的巢穴附近。这是多么神奇的改变啊！当然，这一改变也充分证明，野生动物具有超强的适应力和创造力。

毫无疑问，野狼的回归对黄石公园里的动物产生了影响。但是它们是否也影响当地的地貌和植被，科学家对此还存有争议。几十年来，人们讨论最多的是公园北区的草场和白杨。这些植被多生长于河岸附近，是麋鹿喜欢的食物。在野狼出现之前，那里的草场鲜少能高于一米。特别是在春天，鹿群不会留给嫩草和幼树长大的机会。而河岸的植被不够高大，就无法成荫，鳟鱼和鸟类也因此失去了赖以生存的环境。

不过，麋鹿的好日子在野狼出现后就一去不复返了。鹿群改变了进食习惯，不再逗留在岸边，而是多待在山谷。人们猜测可能是由于在开阔地带，鹿群更容易发现狼群的行动。但是不管原因如何，岸边的植被却因此得以休养生息，之后草木成荫，鸣禽的数量增加了，鳟鱼在树荫下清凉的河水里游弋，人们甚至还看见了久违的河狸。至少从理论上来讲，我们认为这些改变是野狼带来的。如果说得再夸张一些，是野狼拯救了当地的植被和动物，使生态系统得以恢复。就像俄罗斯人的那句谚语说的一样：有狼的地方，就有森林。

可惜生态系统的复杂性远远超出我们的认知,实际情况并非如此简单。2010 年发表的一项研究报告,陈述了事情的真相:野狼的确不是救世主。报告里特别指出,麋鹿不再驻足河边并不是因为害怕被野狼猎杀。麋鹿体形巨大,蹄子也极具杀伤力,实际上野狼要猎杀成年麋鹿是非常困难的。此外,鹿群也为个体的生存提供了保障,使它们能够快速察觉接近的猎手。

那么,到底是什么改善了那里的环境呢?

是时候让我们的河狸出场了,它们才是这出"草长莺飞"大戏里的关键角色。大家知道,河狸吃嫩树皮,用树枝搭建堤坝。堤坝会阻挡水流的去路形成池塘、湖泊,从而为周围植被的生长提供充足的水分。在野狼回归前,数量庞大的麋鹿吃光了河边的植被,导致河狸无法在那里生存,是野狼和河狸的双双缺失造成了那里生态环境的恶化。

所以,使河边环境有所改善的最终原因,并不是麋鹿饮食行为的改变,而是它们的数量减少了。当然这种减少也不都是野狼的功劳,还有大环境下的气候变化、当地常年干旱、遭到饥饿的灰熊扑杀等原因。除此之外,要担责的还有人类。目前在黄石公园边界附近被人类猎杀的麋鹿数量已经达到了上千头。

到底哪些物种会对生态系统产生最严重的影响呢,是处在食物链顶端的物种,还是处在末端的物种?对于这个问题,科学家如今依然在争论。但是,为了弄清楚大自然的一切,人类在观察时甚至连最微小的生物都不能放过。不过,人类至今还没能足够的重视这些微小生物对生态系统的影响,就像专家一直在研究是不是野鹿或野牛的食草行为导致了黄石公园地貌的持续变化,但没有人注意到蝗虫对这一方面的影响。有几年,大量蝗虫入侵黄石公园,它们的数量可是全部食草动物的两倍之多啊!

在学术界,人们已经普遍认同大自然自上而下的反应要比自下而上的更为明显。野狼的回归就很好地证明了这一点。它们作为处在食物链上级的猎食者，在 70 年后重返昔日的家园，对生态系统的结构和循环产生了重大的影响，使黄石公园重新拥有了完整的大型食肉动物种群族谱，这其中包括灰熊、黑熊、山狮、野狼和郊狼。

这一鲜明改变的后续影响还将持续下去。在接下来的几十年中，黄石公园的生态系统都会不断调整，以适应短时间内发生的极端改变。虽然我们十分期待，但无法预知结果，因为还有太多的未知因素，气候变化（冬天极寒、夏天干燥）、火灾或疾病等都会使情况再次发生改变。但无论如何，野狼都会作为适应能力极强的物种，在稳定生态系统的过程中发挥自己的作用。

虽然人类总是希望大自然能够对我们介入的行为做出迅速的反应，就好比在促成物种回归后，我们希望生态系统马上可以按部就班地循环起来一样。事实上，大自然总会打乱我们的"完美计划"，因为在这期间总有预料不到的情况发生，有时甚至会发生倒退的现象。

毋庸置疑的是，野狼的回归的确使黄石公园的生态系统有所恢复，但它们的回归不可能彻底拯救已经被人类肆虐了上千年的大自然。我们应该知道，修复生态系统远比保持它要难得多，这不仅需要人们彻底改变思想上的认识，也许还需要奇迹发生，特别是在某些重要物种已经"消失"了之后。

人类是如此渺小，只是大自然的一分子。我们应该将自然视作自己最重要的东西，如果继续像以前那样生活，那我们所毁灭的将不仅仅是气候、资源，还有我们自己。可惜大自然的舞台并不会因为人类的消失而闭幕，它会悄然迎接新的物种诞生，继续书写生命的篇章。野狼作为生态系统中重要的一员时刻都在提醒我们，人与狼是生活在同一空间里的两个物种，同呼吸，共命运。

病毒全攻略：我是怎样让你感冒的

萝　卜

我是一枚病毒。我存在的目的，是继续存在。这一点，我和所有生命没什么不同。

站在我面前的，是一个人。这个人就是你。你是由细胞组成的。我不知道你和宇宙哪个更大，但我熟悉你身体的每一道防线。这就足够了。

一

你的第一道防线，是皮肤，这道城墙固若金汤。然而你身上有很多孔，我最喜欢随风飘进你的鼻孔。

走鼻孔虽方便，却危险重重。首先要穿过黑暗森林——你的鼻毛。那上面都是黏糊糊的液体，一旦被粘上，我就完了。黏液里的酶，会残忍地把我大卸八块。

我中奖了，气流完美地把我送到了目的地：喉部。

到达喉部只是第一步。因为你体内的上皮组织多了两样东西：黏膜和纤毛。

黏膜免疫系统，是你身体王国的边防线。你吸进肺里的脏东西（包括我们），会被纤毛送到喉部，攒到一起咳出去。那就是痰。在黏膜里，到处都是巡逻兵，那是一种蛋白，叫抗体。入侵过你身体的病毒它们都认识。一旦被认出，抗体就会粘到我身上，把我和同伙铐在一起。

还好，我是流感病毒的一个新变种。蒙混过关后，我随波逐流，接近了一座细胞工厂——我梦寐以求的超级工厂。

然而，厚厚的细胞膜挡住了我的去路。在巍峨的细胞膜城墙上，挥舞着成百上千个机械手的，是各种受体蛋白。有的负责搜集信息，有的负责搬运东西，有的负责安检。

大分子想要通过，只有一条路：用特制专用钥匙，自己开门。安检员就在旁边盯着，发现钥匙不对，绝不放行。幸好我是配钥匙小能手。现在，在我的纤维顶部，举着一把钥匙。这是顶级"A货"，很多安检员都认不出来，比如我面前的这位。

大门轰然洞开。

二

这是一座繁忙的城市。200多万种蛋白熙熙攘攘，细胞骨架纵横交错。物流公司马达蛋白行走在骨架公路上，运送各种物资。发电机不知疲惫地运转着，那是线粒体，负责把各种糖、脂肪、氨基酸氧化，转换成能量。

一进门，就是分拣站。分拣站叫核内体。分拣流程很简单，一共两步：

肢解，送到工地。

我在盔甲中早就藏好了逃生装备，就等着外层盔甲被腐蚀掉，释放逃离蛋白质，吸附在分拣站内壁，然后撕开壁膜，越狱成功。

现在，细胞核——细胞城的司令部，离我只有 5 微米远。然而对只有 50 纳米大小的我来说，怎样准确抵达细胞核，是个大问题。因为我没有脚，所以我要骗马达蛋白带着我走。它背着我，以为背着司令部采购的物资，欢快地迈开双腿，沿着细胞骨架公路，奔向我的梦想之地：细胞核。

这是一座巨大的写字楼，楼里只有一间办公室。办公室里盘旋着长达 1.8 米的司令——你的 DNA。DNA 是你的设计图纸和运行程序。这个双螺旋结构，可以发出 2 万多条指令。这些指令被城中的各行各业的细胞解读、执行，从而维持细胞、人体的正常运转。

现在，我指着你的 DNA 说：大丈夫当如是也，彼可取而代之。

然而，核膜是一道闯不过的难关。核孔周围满是哨兵，那是一种蛋白触角。只有通行证检查合格，它们才会拉我进去。不要担心，办证也是我的专业。我的证上写的是：大分子原料。触角开始拉我进去。

核内，巨龙般的 DNA 毫无察觉，兀自发号施令。这里是全城的控制中心。我们闯进你身体的千军万马，几乎全军覆没，只剩我一个抵达目的地。但，这已足够了。

我篡改了人体 DNA 的正常指令，举全城之力，只做一件事：复制我自己。

三

现在，是你吸入我后的第 7 个小时。细胞城的给养被掐断，开始走向衰败、死亡。它们使出了最后一招：鸡毛信。这是一个囊泡，里面包着病毒碎片。囊泡抢到一匹马达蛋白，逃到细胞膜处，与细胞膜融合，把病毒碎片传到膜表面。鸡毛信上写着：我们已被攻陷，这是该病毒的未修饰照片，不转不是好细胞！

从废都开出来的病毒大军，足以感染 5000 多个新细胞。而当我们攻陷这些细胞时，你的抗体已经完成改造，重返战场。

率先赶到的是天生杀手先锋队，它们的大招是：化学武器。它们会喷出毒素，消灭藏在细胞里的病毒。不过，这样会把我们连同正常细胞一起杀死，并且效率不高。

第 12 个小时，我成功感染了 50 万个细胞。你的喉部到处是破败的细胞城碎片。不过，你的两支免疫部队已经闻风而动，集结作战。一支部队是中性粒细胞，它们对付我们病毒的大招就是一个字：吃。吃完就与我们同归于尽，并产生新的垃圾。不过不要担心，另一支部队，是巨噬细胞。它们可以吞噬碎片，以及四处流窜的我们。没来得及清理掉的碎片，会被纤毛运走，然后被你消化掉。

第 18 个小时，你的喉部会感到有些不舒服。因为它开始红肿了。这是免疫系统打响自卫反击战的反应。巨噬细胞感觉自己吃不动了，于是点燃烽火，发出化学烟雾信号——细胞因子（白细胞介素）。狼烟涌进血管，把信号送往全身：召唤白细胞！

这时，你开始感到难受。因为这个因子的另一个作用是：让你的神经过敏，表现为浑身疼痛、无力。这是免疫系统在通知你：动作要轻缓，集中能量，消灭病毒。

第 28 个小时，你的白细胞部队赶赴战场，围剿我的病毒大军。

白细胞在赶来的路上会请求环境支持：升温。你的大脑有个恒温器，可以让你保持大概 37℃ 的体温。这个温度，是流感病毒的宜居温度。白细胞介素于是通知恒温器调高你的体温。是的，你发烧了。我方的复制速度大打折扣，再加上受到白细胞的围剿，雪上加霜。

第 40 个小时，你还在各种难受，但你不知道，这是你的免疫系统在憋大招。它派出了战略研究员：树状细胞。战场上，树状细胞翻翻拣拣，拿了几样东西，转身离去。

那是我们的碎片。

四

淋巴。这里漂浮着上万亿 T 细胞、B 细胞。它们各怀绝技，分别对付不同的病毒。树状细胞的任务，就是在细胞的海洋中，找到对的那两个。终于，一个 T 细胞大声喊道：我认得这厮！于是，树状细胞把病毒尖刺递给 T 细胞。T 细胞接过尖刺，开始分裂：一变二、二变四……

第 52 个小时，你的淋巴结肿胀起来。这是因为这个 T 细胞复制了很多个自己，把淋巴挤成了周一早高峰的地铁。很快，它们找到了被感染的细胞，实施精确打击。我嗅到了末日的气息。

第 65 个小时，你的免疫系统吹响了冲锋号。你嗓子疼、咳嗽，但你不知道，这是 T 细胞初战告捷的表现。在淋巴里，B 细胞也拿到了病毒碎片，开始复制。但它不是去战斗，而是释放出百万小型无人机：Y 形抗体。这款抗体是为我量身定制的。

T 细胞的精确打击、B 细胞的合围追剿，让我们节节败退、兵败如山倒。

一个星期后，你赢了。T 细胞并没有参加庆功宴，它们开始自毁。不过，有一部分会坚强地活下去，传承记忆，成为免疫大数据的一部分。翻译过来，就是你对我免疫了。

新的细胞开始生长，你的不适症状渐渐消失。

你赢了，但不代表我输了。在你的喷嚏、咳嗽声中，我的复制品会散播到你周围，寻找下一个目标……

去荷兰微生物博物馆读一首意味深长的诗

晓　满

阿姆斯特丹微生物博物馆和荷兰所有的博物馆一样，在新冠肺炎疫情期间关闭了。当我们打开该博物馆的网站，如下诗句出现在眼前：

您看不到它们，但它们在这里。它们在您身上，在您身体里面，超过 1000 亿个。

它们在您吃饭、呼吸、亲吻时与您同在。

它们无处不在，在您手上，在您肚子里。它们介入了一切。

它们塑造了您的世界：无论您闻到什么、尝到什么，无论您生病还是健康。

它们可能拯救我们或摧毁我们。微生物——我们星球上最微小、最强大的生物。

在 2020 年，这样的诗句，令人感觉尤其意味深长。

阿姆斯特丹微生物博物馆，是全球第一家，也是唯一一家致力介绍与研究"微生物世界"的自然科学博物馆。它以极富想象力的方式将人与自然融合在一起，鼓励公众负责任地对待自然，并告诫人们，如果不了解最强大，同时也是最微小的生命形式——微生物，就不可能完全理解人类与自然界的相互联系。博物馆的最大亮点是它的互动性与浸入式体验，即利用现代科技手段将交互式体验发挥到极致。自 2014 年建馆以来，该博物馆已荣膺诸多国际奖项。

我曾去这个博物馆参观，参观者进门前有一个有趣的欢迎仪式：身体扫描。生物扫描仪会对你进行全身扫描，屏幕上显示你身体各处的微生物分布。入馆时，工作人员还会发给你一张小卡片，在观察过的微生物展台前盖章留念。可别小看这张小卡片，它能让来参观的孩子们不知疲倦地跑遍博物馆的每个角落。

步入博物馆，宛如走进一个大型生物实验室。展厅陈列着上千个玻璃培养皿，其中生活着约 700 种微生物，这些微生物按照物种演化的时间顺序排列，当我们专注于操作显微镜观察那些肉眼看不到的微小生物时，不知不觉仿佛回到了中学生物课实验室。

博物馆设计了大量人机互动体验。"把您的手机放进培养皿吧，看一看每天不离手的手机屏幕上到底有些什么。"不看不知道，一看吓一跳，平时接个电话、发条短信，竟然已经和上千种微生物进行了互动。"接吻零距离"这个小装置，直观显示了在一次接吻过程中，两个人所交换的惊人的微生物数量。极地环境细菌展区利用"全息图"技术，生动再现了极地风貌，让人身临其境。而专门为小朋友设计的了解感冒病毒的游戏，让孩子们直观又生动地在游戏中学习如何保护自己、远离感冒病毒。

在博物馆大厅，陈列着荷兰科学家列文虎克制作的显微镜复制品，以向这位微生物学的开拓者致敬。列文虎克被尊为"微生物学之父"，他在 1674 年使用自制显微镜第一次发现了微生物的存在。在这之前，人类并不知道世界上还有微生物这种东西存在。

微生物博物馆全名是阿姆斯特丹阿提斯微生物博物馆，位于阿提斯皇家动物园入口右侧的会员楼内。2003 年，海格·巴利安被任命为阿提斯皇家动物园的第七任园长，他在任上提出成立微生物博物馆的设想，希望建成一个研究"微生物学"的国际平台。2014 年 9 月 30 日，阿姆斯特丹阿提斯微生物博物馆正式开馆。

·摘自《读者》（校园版）2020 年第 14 期·

遗憾的进化

【日】今泉忠明

杨 雪 编译

眼镜猴的眼睛超级大，却不能转动

眼镜猴的一只眼睛和它的脑子差不多重。

不过，眼睛太大并不方便。眼镜猴的眼睛几乎紧挨着头盖骨，又大又重，以致眼珠无法自由地转动，只能直视前方。即使想瞥一眼侧面，眼镜猴也必须把头转过去才行。

至于眼镜猴的眼睛为什么这么大，有一种说法是，它们从白天活动逐渐进化成夜间活动，为了能在夜晚看清黑暗的森林，眼睛需要采集大量的光线，于是渐渐变大，成了今天这副模样。

三趾树懒遇上连绵雨天会饿死

三趾树懒的生活方针是能省力就省力。它们几乎整天一动不动地倒挂在树上，吃饭也不例外，一天只吃一两片树叶。因为身体不活动，内脏耗能也低，消化食物往往要花上数周时间。此外，作为哺乳动物，三趾树懒的体温调节机制也很节能，体温会根据气温上下浮动。

因此，持续降雨导致气温下降时，三趾树懒的体温会随之下降，部分内脏也会停止工作。这样一来，体内的食物无法消化，即使它们吃饱了，依然会被"饿死"。从这一点来看，真搞不懂它们为什么要苦苦节省能量。

海豚睡着的话会溺死

海豚与人类一样是哺乳动物，不过它们习惯于在水中生活，无法在陆地上生存。可是，海豚不能像鱼那样用鳃呼吸，它们必须经常把头露出水面，用长在头顶的鼻孔换气。

因此，海豚一旦陷入沉睡，就会溺水而死。可是总不睡觉的话，身体吃不消啊，于是，它们会贴着水面缓慢地游动，两只眼睛每隔几分钟就交替闭上，左右脑每隔半分钟就轮流休息一下。

电鳗的肛门长在脖子上

电鳗是放电能力最强的生物。电鳗通过释放强力电流击毙周围的鱼类，从而获得食物。

电鳗体内80%都是发电器，为了避免电到自己，它们体内重要的结构表面都包裹着厚厚的脂肪，肠胃等生存必需的器官则集中在上半身。

由于肛门也长在上半身，电鳗在排便时看起来就像下巴长出了胡须。

·摘自《读者》（校园版）2020年第16期·

源于大自然的新发明

方陵生

螳螂虾的超坚韧"铠甲"：轻巧坚韧的新材料

螳螂虾精力充沛，和同类打架从不退缩。两只螳螂虾可能打得不可开交，但战后双方都毫发无损。这是因为这些勇敢强壮的"小战士"的背上覆盖着一层超级坚固的"铠甲"。这个被称为"尾节"的部位看起来像盾牌，其防御能力之强也堪比盾牌。

研究发现，这个"盾牌"坚不可摧的关键是其下面的螺旋状结构。这种螺旋状结构可以防止虾壳在生长过程中产生裂纹，并能够减小重击带来的冲击力。

未来，研究人员可以模仿螳螂虾尾节的微观结构和力学原理，开发出坚固、强韧的新材料并应用于各种新产品上，例如体育运动装备、防弹衣、无人机、风力涡轮机叶片、航空航天材料、汽车、飞机、直升机、自行车和船只等。

其中最先上市的很可能是体育用品。研究人员制作了一个头盔，这种头盔既可供建筑工人使用，也可作为橄榄球运动员的防护用品。从长远来看，获益更大、更全面的将是运输行业，因为更轻巧、强度更高的运输工具可降低燃料消耗，减少废气排放。

蒲公英种子的精巧"降落伞"：微型自动推进无人机

蒲公英的种子在风中轻柔地飘荡，在金色的阳光中轻轻落地。蒲公英的种子能够轻松潇洒"飞行"的关键，在于它精致的纤维顶冠。为了弄清楚这种像降落伞一样的茸毛是如何工作的，研究人员建造了一个风洞，对蒲公英种子进行测试。

他们发现，空气流过蒲公英种子细细的纤维时，会形成一种旋转气流。这种气流可增加种子的拖曳力，有助于种子在长时间、远距离的飞行中保持稳定。研究表明，蒲公英种子在保持飞行高度方面的效率是人造降落伞的 4 倍。

研究人员希望，这一发现能帮助人们在未来开发出微型自动推进无人机——一种飞行时几乎不需要消耗能量的无人机。这种无人机利用与蒲公英种子类似的人造刚毛，飘浮在空气中。它们可以在空中飘浮很长一段时间，还能携带相机或传感器等设备，用来监测和记录空气质量、风向或风速，以及各种人类活动。因为体形微小，它们几乎不会引起人们的注意，这样既不会干扰人们的生活，也具有较强的隐蔽性。

蜜蜂的防水花粉球：轻松粘取的黏合剂

蜜蜂从一朵花飞向另一朵花，采集花粉并将其储存在身上带回蜂巢。如果有一场突如其来的雨干扰了它的工作，它该怎么办呢？别担心，蜜蜂有解决办法。

蜜蜂在采集花粉时，会将唾液覆在花粉上。蜜蜂的唾液有点黏，因为它们喝的是花蜜；同时，花上的油脂也会覆在花粉上。唾液与油脂混合成为一种黏合剂，它能够把花粉变成可以防水的小球，防止花粉被雨水或露水打湿。

有意思的是，在黏合剂的作用下，花粉"吃软不吃硬"。蜜蜂返回蜂巢后，用后腿缓慢地推动花粉球，花粉球就很容易脱落下来。如果一滴自由下落的雨滴碰巧与其中一个花粉球碰撞，它就会黏附得更紧。

研究人员希望利用同样的科学原理研发高科技黏合剂，人们想用它粘东西的时候可以轻松粘上，想取下时也可以轻松取下。这种黏合剂的应用范围很广，包括在医疗和化妆品等领域。这种黏合剂也可以用于食品中，比如用于蛋糕等甜品的装饰，或用于调节食物的味道、营养成分、颜色等。

鲭鲨的鳞片：飞机减阻"贴膜"

鲭鲨游动的速度非常快，游速可达 120 千米／时。它们游得这么快，秘诀就在于皮肤上的微小鳞片。每个鳞片的长度只有 0.2 毫米，位于身体不同位置的鳞片可向后弯曲一定角度，最大后倾角度可达 50°，其中位于鳃后的鳞片最柔韧。这些鳞片可起到减小水流阻力的作用，防止出现流动分离。

什么是流动分离呢？如果将你的手伸到移动的车窗外，手掌迎风，你会感觉有一股力量将你的手向后推。这是因为空气在手的两侧分离，在手的背面形成低压区，从而导致手掌比手背承受更大的压力。这种情况就是流动分离。

鲭鲨的身体呈流线型，这种结构有助于减小流动分离，但流动分离仍然可能发生。在这种情况下，鲭鲨身上柔韧的鳞片就起到了很有效的作用，它们有助于控制水流，减小阻力，使鲭鲨动作更灵活，游得更快。

对飞机来说，流动分离是很大的飞行障碍。未来人们或许可以借鉴鲭鲨的鳞片结构，设计出一种特殊的胶带，把它贴在飞机机身、机翼等部位，就能减轻因流动分离而导致的飞行阻力增加、性能或机动性降低等问题。

猫舌中空乳突：新型清理刷和软体机器人

猫经常用舌头舔皮毛，它们这是在为自己理顺皮毛，清洁身体。猫的舌头进化出了最高效的梳理功能。在猫砂纸般的舌头上覆盖着一种叫作乳突的尖刺，这种尖刺是由角蛋白（类似于指甲的坚硬物质）构成的。

研究人员发现，这些乳突并不像过去人们所认为的那样是锥形的，而是中空的勺状。这种独特的形状具有强大的表面张力，唾液能够被储存在里面，在需要清洁时再提取出来，因此猫的舌头上可以容纳很多"清洁液"。测试发现，猫整根舌头上的乳突足以让猫将约50毫升的唾液均匀地涂抹到皮毛上。

猫舌乳突还可以朝不同方向转动，这就使猫能够有效解开纠缠在一起的毛。研究人员用猫舌头的三维模型制作了一种梳毛刷，刷子上的小刺基本上就是放大版的猫舌乳突。这种刷子不仅可用来为宠物清理毛皮，还能给它们擦药膏和清洗剂等。

　　猫舌乳突的独特形状还能激发更多灵感，例如有人设想利用它开发一种更加方便有效的涂抹睫毛膏的新方法。有研究表明，模拟猫舌乳突的微型挂钩具有出色的抓握能力。相关技术可以应用于软体机器人领域，以提高它们的抓握能力。

·摘自《读者》（校园版）2020 年第 16 期·

胃液为什么不会溶解掉我们的身体

王海山

胃是人体的消化器官，消化功能很强大。胃里面用来消化食物的是胃液，包含盐酸、胃蛋白酶和黏液等成分。胃液里面含有的盐酸浓度很高，盐酸是腐蚀性很强的酸，甚至能把金属锌溶解掉。如果胃液里面的盐酸、胃蛋白酶和黏液一起工作，基本上可以消化任何食物。那么很多人就有疑虑了，胃的消化功能这么强大，为什么没有消化掉自己呢？

真相是，强腐蚀性的胃液确实在不断地分解着我们的胃。我们的胃之所以还在，是因为它有着顽强的自我修复能力和几种自我防御功能。

首先说胃的自我修复能力。胃的自我修复能力是非常惊人的，它通过时时刻刻地再生以补充被自身消化掉的细胞。人体的胃黏膜细胞每分钟大约脱落 50 万个，胃只需 3 天时间，这些细胞就可以全部更新。就是说，

3 天时间就能生出一个完整的胃！也只有这种惊人的再生能力，才能使胃液对胃造成的损伤得以修复。

但是胃液的侵蚀能力还是太强了，一般只需几小时就能把整个胃消化掉，所以胃仅仅依靠自身强大的再生能力也弥补不过来。为了保护自身，胃还有自己的特殊装备，即胃壁上覆盖的一层厚厚的屏障，叫作胃黏膜上皮细胞。胃黏膜上皮细胞具有保护胃壁的作用，它能把腐蚀性比较强的胃液和胃壁隔开，使其不能渗入到胃壁内层。

即使胃有了胃黏膜上皮细胞的保护和自身的再生能力，还不够安全。在胃黏膜上皮细胞表层还有一层薄薄的糖体层，糖体层是一种碳水化合物，糖分子的抗酸性比较好，可以把带腐蚀性的胃液对胃造成的侵害降低。

胃用来保护自己的方法除上面的几种外，还有一种就是胃壁的里层覆盖着一层由脂肪物质组成的类脂肪物质，类脂肪物质对盐酸的氢离子和氯离子都有强大的阻碍作用。

基于以上种种保护，我们的胃才不会被自身溶解掉。普通人吃一顿饭，胃分泌 500 毫升的胃液基本可以使其消化。但当饮食过度或精神压力比较大时，血液循环受到影响，保护机制遭到破坏，那么就会出现胃液过度消化胃的现象，比较严重时，就会出现胃溃疡、胃穿孔等病症。

由此可见，由于胃液过于强大的腐蚀能力，我们的胃也在不断地消化自己，只有靠着自己超强的自我修复能力和几种有效的自我防御功能才能保护自己。但也正是因为如此，我们的胃每时每刻都处在对抗胃液的危险当中。我们每次不合理的饮食都会成为它的安全隐患，所以我们一定要健康合理地进食，并保持积极乐观的生活态度。

对电磁波过敏，怎么活下去

SME

你知道吗，有人竟然对 Wi-Fi 过敏？ 2012 年，英国一名小提琴家无法忍受周围不间断的强辐射电磁波，他的身体出现了头疼、恶心等症状，十分难受。

严格来说，这部分群体不仅对 Wi-Fi 过敏，而且恐惧其他能释放电磁波的设备。手机、电脑、微波炉等再平常不过的电子设备、电器，一旦使用，就扼杀了他们的舒适感。他们开始头痛、失眠、烦躁不安、记忆力衰退……有电磁波的地方对他们来说就是折磨。

无处逃避

在互联网时代，人们希望沐浴在畅通无阻的 Wi-Fi 信号之下，而每 100 万人中就有几十人不堪其扰。他们声称对电磁波过敏，患上了一种叫作"电磁波过敏症"的疾病。

于是这类人竭力寻找让他们舒适的容身之处，但是在现代社会中，手机、计算机、家用电器、信号基地等电磁波传输设备让电磁波遍及各处。

蒂姆·哈拉姆是"电磁波过敏症患者"之一，他试图摆脱所有由Wi-Fi等引起的人造电磁辐射。为此，他不惜花费1000英镑，把房间打造成一个完全绝缘的"法拉第笼子"。

他用锡箔等绝缘的屏蔽材料，大面积贴满房顶、墙壁和地面。他必须睡在定制的镀银睡袋里，才有与电磁波隔绝的安全感，才能安然入睡。

而蒂姆产生电磁波过敏反应的原因，也十分有戏剧性。在16岁那年，他去参加一个著名乐队的演出，谁料，乐手突然掏出一把特制的手枪，朝天花板鸣了一枪作为现场效果。但自那一声轰鸣起，蒂姆对电磁波过敏的漫长痛苦生活便开始了。

米歇尔在食物过敏研究领域工作了20年，她不曾想到自己会在60岁的时候突然患上这种奇怪的过敏症。一天，她正坐在办公室里工作，突然抬头看到窗外的一根电线杆。她瞬间像被击中似的，感觉到电磁波在向自己的身体灌注辐射。她从此便想尽方法抵抗周围的一切电磁波。她把墙壁涂上厚厚的一层碳漆，再贴上层层锡箔纸。恐惧与不适让她像一个囚犯一样只能待在家里办公，并且将家打造成一个与蒂姆的房间类似的"法拉第笼子"。

绿岸小镇

在现代化的城市中，为人类提供基本通信需求的电磁场无处不在，"电磁波过敏症患者"即便牺牲社交和生活中的绝大部分内容，也还是难以完全避开电磁波的侵扰。

难道就没有"电磁波过敏症患者"的安身之处吗？他们难道真的没办法逃离命运？他们在痛苦的边缘挣扎，直到发现了一处世外桃源。

再怎么落后的地区，也难免有电磁信号，而电磁场真正薄弱、"电磁波过敏症患者"又可以生活的地方，只可能是因为那里的电磁信号被屏蔽了。在美国西弗吉尼亚州，距离华盛顿4小时车程，就有一个可以躲避电磁波的地方——一个名叫绿岸的小镇。

绿岸是一个偏远的原始城镇，整个小镇只有143人。但并不是出于落后的原因，让小镇里的电磁波信号较弱。相反，这里有一架世界上最大的、可被完全操纵的射电望远镜。美国国家射电天文台在小镇的山谷中安装了这架高科技的望远镜，用来检测恒星死音。

绿岸为了配合射电望远镜的工作，自然也就成了执行美国最严格禁令的城镇。这里的居民被禁止使用手机、Wi-Fi、微波炉等任何会产生电磁信号的设备。

于是，从电磁波的层面来说，绿岸成了地球上最"安静"的地方。这恰好是"电磁波过敏症患者"梦寐以求的人间仙境。

2007年，戴安娜·舒夫妇在"法拉第笼子"里居住了几个月之后，决定搬到绿岸生活。后来陆续有"电磁波过敏症患者"慕名来到绿岸定居，宁愿为了身心舒适，而接受这里不便利的生活。这里没有24小时营业的现代便利店，没有轻松方便的出行方式，但有最宝贵的健康环境。

病因依然是谜

人们同情"电磁波过敏症患者"的可怜遭遇，但同时，心里一定存在一个疑问："电磁波过敏症"究竟是具有显著病因的生理疾病，还是一种心理疾病呢？

在过去 10 年的发展中，全球的通信设备普及率呈指数级速度发展，这是前所未有的，也的确可能造成部分人群因此而患病。但当科学家对患者进行"双盲实验"时，发现了其中的端倪。

当研究人员把一个装着未知是否具有电磁场的黑匣子放在受试者面前时，他们并不是总能分得清电磁波的来源到底有没有启动。也就是说，这些人不能靠症状表现，判断出究竟自己有没有暴露到电磁波中。

由此看来，"电磁波过敏症"更偏向于心理疾病。患者在主观上对设备发射出的电磁信号心生恐惧，从而在生理上产生类似的化学过敏反应。所以，现在当"电磁波过敏症患者"就诊时，他们通常被建议去看心理医生或精神科医生。

而世界卫生组织认为，"电磁波过敏症"目前根本没有一致的医学、精神病或心理病因。

虽然还没能给"电磁波过敏症"定性，但一些社会福利比较好的国家，已率先把它纳入疾病的范畴。例如瑞典就成为第一个把"电磁波过敏症"视为残疾的国家。另外，德国也承认这是一种疾病。

法国一个住在偏远山区的 39 岁妇女，还因此获得了巨额的残疾补助。她自称日常生活中受到电话的电磁波影响，向法院请求支付补助。

尽管裁决并没有正式把"电磁波过敏症"当作疾病，但是政府依然同意每个月给妇女支付 800 欧元（约合人民币 6300 元）作为残疾津贴，为期 3 年。

当然，舆论不应该对"电磁波过敏症患者"有过多的揣测和质疑。毕竟就算他们只是想找个借口远离现代社会的压力和喧嚣，也是值得被谅解的选择啊。

·摘自《读者》（校园版）2020 年第 17 期·

"药"将军，你贵姓

梁爱芳

如果给 2020 年找个关键词，一定非"药"莫属。特别是新冠肺炎疫情发生以来，每个人都对克制戴王冠的小恶魔的"灵丹妙药"翘首企盼，有不少"药"将军被任命为"先锋官"，被派到一线与病毒较量，什么奥司他韦、阿昔洛韦、瑞德西韦，都与新冠肺炎进行过殊死搏斗。为什么这些"药"将军的名字都带"韦"字？实话告诉你吧，它们的名字其实暗藏着独门绝技，快来跟我学学"望名识药"的本事吧。

"韦"家不传绝学：抗病毒

咱们先从"韦"将军说起吧。疫情期间，奥司他韦屡次被点将，它究竟有什么独门绝技呢？三个大字——抗病毒。它生来就是感冒病毒的克星，先天自带抗毒技能，它的名字"韦"英文 virus，意思就是病毒，可见要和病毒一生为敌了。

再来说说奥司他韦的亲戚们，多替拉韦专抗艾滋病毒，恩替卡韦专抗乙肝病毒，阿昔洛韦属于广谱抗病毒药。什么是广谱？就是非专项杀毒，它的必杀技比较多，一般病毒都能搞定。总之，带"韦"字的将军们行不更名坐不改姓，天天苦练对付病毒的技能，随时等待人类请它们上阵杀敌。

"韦"将军们的抗病毒技能是怎么发挥出来的呢？其实它们每一个都有自己的独门绝技。有的能阻止病毒粘在细胞身上，有的能帮细胞穿上"金钟罩铁布衫"，有的能抑制病毒想要自我复制的疯狂念头，有的能把病毒细胞牢牢控制在萌芽状态……人类需要哪项技能，它们就立刻拱手奉上。

"西林帮"独门技能：抗生素

这位"阿莫西林"将军，你一定听说过，但它可不是光杆司令，它手下的猛将可多啦，盘尼西林、替卡西林、羧苄西林、匹美西林、坦莫西林……真是家大业大，有的是骡马，有的是极品玩家。

别看"西林帮"人多势众，可它们都是一个祖先衍生出来的，这位了不起的祖宗名叫青霉素，又名盘尼西林，1928 年被亚历山大·弗莱明发现。后来随着它在人类社会有了正式名分，"盘尼西林"就繁衍出无数的子孙：青霉素类、氨苄西林类、美西林和匹西林类等。子孙又繁衍子孙，那就是"霉素"派：阿奇霉素、庆大霉素、克拉霉素……真是"人丁"兴旺！

这个帮派到底会什么绝技呢？那就是抗菌了，它们能够干扰病菌的细胞发育功能，所以我们也把它们叫作抗生素。

顺便说说"西林帮"是怎么干活的,首先它们得用火眼金睛识别细菌。细菌可比病毒厉害多了,因为它们特别擅长迷惑抗生素,这可咋办?简单!抗生素就对照自己识别敌人,凡是和自己长得不一样的,都杀!比如有一队"西林"专门杀身后竖旗子的头领,"敌人"要是放倒旗子隐藏自己,另一队"西林"就派人马出来找其他特征,总之,必须让致病菌在光天化日之下现形,真是硬核帮派啊!

彻底杀死病毒?不存在

看到这里,你可能会疑惑:到底哪位"药"将军可以彻底让病毒销声匿迹呢?相信大家一定对顽固的流感病毒头疼极了,吃不吃药都要难过七天,难道世界上就没有那种"一次服药,幸福一生"的杀病毒药物吗?

答案是令人沮丧的,没有。

通过上文,我们已经讲清楚了,细菌和病毒是两种东西,对付它们的"药"将军根本不是一类药。如果是细菌感染健康细胞导致的感冒,吃抗病毒的药物一点作用都没有,还会让细菌白白笑破肚子,因为根本不对症嘛。如果是病毒引起的感冒呢,抗生素也束手无策,它们只认识细胞,不认识病毒这种"发育不良"、形体不全的"怪物",又何谈将它们杀死呢?所以以后再感冒时,千万不要左手一杯热水,右手一把抗生素了,还不如靠人体自身免疫力,"一身正气"地扛过去呢。

说起来,我们人体比什么"药"将军都靠谱呢,关键时刻只要加点血,就能激发它的无限潜能,使它坚韧不拔地与病毒做斗争。很多新冠肺炎患者也是在"药"将军的辅佐下,靠激发自身的免疫力才存活下来的。

鳄鱼为什么要吞卵石

郑 芬

"鳄鱼蛰深渊，杳冥人莫测。"读过韩愈《祭鳄鱼文》的人，对这种咧口龇牙、满身鳞甲的冷血动物，或许有一种畏惧感。对这篇古文感兴趣的人，大多是从人文情怀去感受的。如果换个角度，考察一下鳄鱼的生活习性，也可大长见识。

在国内的长隆野生动物园或泰国的北览鳄鱼湖游览时，细心的游客或许会注意导游的介绍：鳄鱼有一种很奇怪的习惯，每年都要吞下一块卵石，却不排出体外。只要剖开鳄鱼的肚皮，看看里面有多少块卵石，就可以准确地知道它的年龄。这就像以树的截面中的树轮圈数来计算树的年龄一样。

每一种动物都有它独特的生活习惯，对其不理解是因为我们无从体会到此种动物生活的具体环境和秘密。鳄鱼为什么要吞卵石呢？卵石既不松软，也不可口啊！原来，鳄鱼不咀嚼，只是撕裂食物吞下去。有时，几十斤重的猎物，也会生吞下去。因而鳄鱼每年要吞下一块卵石留在胃内，借石块之力以磨碎猎物的骨头和硬壳。卵石是鳄鱼的"磨碎机"和"消化剂"。鳄鱼在水中就像一艘小小的潜水艇，这些存放在鳄鱼体内的卵石还能增加体重，加强它的潜水能力（就像船的"压舱石"一样），使它不致被水冲走。更为奇怪的是，虽然没有"质检员"从旁监测，但卵石的重量总能稳定在鳄鱼体重的 1/100 左右的"指标"，令人称奇不已。

·摘自《读者》（校园版）2020 年第 18 期·

不可以太胖，因为情绪会崩掉

蔡梦飞

不是说"心宽体胖"吗，为什么肥胖反而会让人情绪不好？这都是皮质醇过多导致的。相对于普通人来说，肥胖者体内的皮质醇水平过高，而过多的皮质醇和抑郁、焦虑、躁动等负面情绪有着密切关系。

一方面，皮质醇能直接作用于大脑中的特定受体，影响"奖赏系统"和情绪调节。另一方面，皮质醇还能与其他激素相互结合，导致下丘脑－垂体－肾上腺轴（HPA Axis）被过度激活，使人对外在的压力刺激更加敏感，反应更加强烈。

超量的脂肪会拉高皮质醇水平，反过来，高水平的皮质醇又会促进脂肪的大量合成。于是脂肪分解代谢的产物——脂肪酸、软脂酸等也相应增多。这些过多的脂肪酸、软脂酸由血液进入大脑后，会导致炎症和氧化应激，进一步使 HPA 轴过度激活，增加神经敏感性，损害正常的情绪调节功能。

除了上述这些遭人恨的功能，皮质醇还有一个更隐蔽也更可怕的功能：促进食欲。因此越肥胖、皮质醇水平越高，情绪就越容易紊乱，同时食欲也越强；于是吃得更多，变得更肥胖，皮质醇水平更高，情绪更容易紊乱，食欲更强……真是一个恶性循环。

更恶性循环的是，科学家还发现，肥胖的人整体的身心感知能力更加迟钝，无法像其他人一样"正确"评估自己的生理状态，比如饥饿感和饱腹感。于是，他们会比别人更容易感到饿，更不容易感到饱，一不小心就陷入"肥胖——饿得早——饱得晚——吃得多——更胖"的旋涡出不来。

此外，研究还发现，肥胖者比一般人更容易发生"情绪性进食"，它是指因情绪状态而非真正的饥饿感而产生食欲——驱动他们进食的不是最本能的饥饿感，而是"异化"的情绪冲动。在情绪性进食之后，人们常常会陷入羞愧和内疚感当中，这会进一步导致情绪紊乱。

说了这么多胖子的忧伤，那么问题来了——怎么样才能避免成为胖子、避免因为肥胖而情绪失调呢？面对长期压力，大家更容易寄情于美食。因此要想避免把自己吃胖，最重要的方法就是，改变自己面对压力的方式，不能只靠食物减压。

这确实有难度。因为长期处于压力当中的人，自我管理和情绪控制能力都会减弱，负责意志力和执行力的前额叶皮层功能被抑制；而控制情绪的杏仁核变得更活跃，因此更加情绪化……美食当前，自然一不小心就沦陷了。

不过，也并非做不到。下面就推荐几个既有效又可健康应对压力的好办法：1.保持运动。运动可以让人在心理上获得更多的掌控感，从而更积极地应对压力。2.保证充足睡眠。睡眠不足会让身体对压力反应过度，自我管理和情绪控制能力进一步削弱。3.给自己找一个榜样。看看别的朋友有什么不一样的应对压力的好方法，多和他们聊一聊，试一试他们的方法。

当然啦，作为人类，还是要承认"食疗"始终是我们缓解焦虑的办法之一。偶尔来顿火锅，约个麻辣小龙虾，都能让我们体会到美味食物带来的最原始的满足感和幸福感，快速改善情绪状态。

不过请牢记"少吃怡情，多吃伤身"。我们要让大脑主动控制自己的身体和情绪，而不要让大脑被(肥胖的)身体劫持，把情绪变成它们的奴隶。

·摘自《读者》(校园版) 2020 年第 18 期·

你真的了解萤火虫吗

付新华

　　萤火虫是天生的"发光者",因分布广泛且会发光而为人熟知,又被称作夜照、流萤、宵烛、夜火虫、火金姑等,其名字的寓意几乎都与"光"有关。全世界记录在册的萤火虫共 2000 多种,我国有 150 多种。它们大部分分布在热带、亚热带地区。每年六七月份夜幕降临时,萤火虫破蛹而出,在田野、森林里闪着微光。古人看到它们从腐烂的草木中飞出,误以为它们是由腐草化成的,于是就有了"腐草为萤"的说法。即便到了今天,大多数人对萤火虫也是知之甚少,只知道它们是"会发光的小虫"。

腐草为萤:萤火虫一生的四个阶段

　　大暑已至,暮色苍茫之时,在我国福建、海南、云南、湖北等地的森林湿地里，会出现大片冷黄色的闪烁微光，那是萤火虫聚集在一起求偶。漫天萤火如舞动的星河，满足了人们浪漫的幻想。而它们不发光时，就是普通甲虫的样子：身形扁平细长，通体呈黄褐色，头部较小，长着细长触角，体壁和鞘翅较柔软，除了少数品种体长可以达到 3 厘米外，其他大部分的体长都在 1 厘米左右。其与众不同之处，在于腹部末端独特的发光器能够发光。

发光，是萤火虫与生俱来的能力，早在它们还是虫卵的时候，就自带荧光。一粒粒圆形的白卵，形如迷你夜明珠，被雌萤产在杂草丛生的潮湿处。刚产下的萤火虫虫卵，卵壳柔软尚未硬化，此时一些真菌会伺机寄生在卵上。菌丝入侵卵体，被寄生的萤火虫虫卵颜色逐渐变黑，直到卵壳破裂，变成一小摊黏稠液体而死去。

顺利孵化的萤火虫虫卵会进入幼虫期，在萤火虫一生需经历的卵、幼虫、蛹与成虫的 4 个阶段中，这一阶段的时间最长，一般在半年到一年。萤火虫幼虫形似柔软的毛毛虫，身体扁长，尾部会发光，腹部长有发达的腹足，腹足上整齐排列着许多小钩，可以辅助幼虫爬行或捕食。蜗牛、蛞蝓、蚯蚓、淡水螺等都是幼虫的猎物，尤其是蜗牛，绝大部分萤火虫幼虫以它为食。幼虫头上有一对发达的 3 节触角，最末一节的触角上还有一个圆形的感受器，它们会利用这对灵敏的触角探测追踪猎物。同时幼虫还长有一对非常发达的上颚，这对上颚中间是空的，像弯弯的镰刀。发现猎物后，幼虫会爬到猎物身上，将上颚刺入猎物体内，同时通过上颚中的管道，向猎物注入自身消化道内一种具有毒性的液体。这种液体会在很短的时间内杀死猎物，并分解猎物，将其变成肉糜状液体，之后幼虫再通过中空的上颚吸食液化后的食物。

在漫长的幼虫期里，萤火虫幼虫要经过 3~5 次蜕皮，以及躲过天敌的捕食等诸多风险，才能进入蛹期。此时，萤火虫幼虫会在栖息地附近寻找松软的岩穴、土缝，建造蛹室，以便减少因蛹期行动不便而增加的危险。水栖的萤火虫幼虫也会在即将化蛹时爬上岸，在岸边的土中化蛹。整个蛹期，萤火虫看起来是完全静止的，但在其内部则慢慢进行着从幼虫到成虫形态变化的过程。

破蛹而出，萤火虫便是成虫了，其历经蜕变，在此刻如获新生。接下来它们只剩下不到两周的生命，将度过短暂而又繁忙的最后时光。除了少数不会飞的品种外，成虫时期是萤火虫唯一具备飞行能力的时候。它们吸取花蜜、露水充饥，通过发光求偶，完成繁衍使命。成功交尾后，雌萤会先移动身体，左右摆动着腹部，弓起腹部末端，开始找寻合适的地点产卵。就这样，萤火虫周而复始地繁衍生息。

发光为哪般："提灯小虫"高调示爱

萤火虫为何发光？如何发光？许多人有此疑问。

虽然所有萤火虫的幼虫都会发光，但还是有极少数的萤火虫成虫不具备发光的能力，如一些昼行性的窗萤及锯角萤。在发光萤火虫中，同一只萤火虫在不同阶段，发光的意义也是不一样的：在幼虫时期，萤火虫发光主要是为了警戒和防御天敌；在成虫时期，萤火虫发光具有性吸引的作用，主要用来求偶。萤火虫爱好者观赏到的点点荧光漫天飞舞的画面，就是萤火虫成虫在求偶。通常飞在空中的是雄性萤火虫，它们一般有两节发光器，而雌性萤火虫则很少飞起来，常常待在草丛里，发出像心脏跳动般的、缓慢闪烁的光，仿佛是在告诉空中的雄萤："我在这里。"发现雌萤闪光信号的雄性萤火虫会飞下来与之交配。

雄性萤火虫发出的光是雌萤的"择偶标准"。以我国较为常见的胸窗萤为例，雄萤与雌萤交配，目的是让自己的精子与雌萤的卵子最大限度地结合，形成受精卵，产下自己的后代。而雌性胸窗萤为了提高自己后代的质量，会跟多只雄萤进行交配，让精子互相竞争，以选出其中的优胜者。所以只用荧光吸引雌萤是不够的，还得有强大的基因，雄萤才有机会拥有自己的后代。

夜晚是萤火虫求偶的主要时段，白天躲在草丛中或者树叶背后休息的萤火虫，等到夜晚到来，就开始"求偶狂欢"。闪烁的光芒不仅会吸引异性，同时被吸引而来的，还有蜘蛛、青蛙、蜈蚣等萤火虫的天敌，它们躲在暗处，伺机而动。如果有萤火虫不幸被蛛网粘到，蜘蛛会用蛛丝将其缠住，挂在网上，再慢慢将其吸干。有些蜘蛛不会张网，只在地面活动，捕食正在产卵的雌萤。在美洲，还有一类专门捕食萤火虫的女巫萤，它们模拟雌萤的求偶信号，吸引雄萤前来交配并吃掉它们，就像古代希腊神话中的海妖塞壬，用美妙的歌声引诱水手，使船触礁。对求偶中的雄萤来说，女巫萤真是防不胜防。

那么，萤火虫又是如何发光的呢？这得益于萤火虫发光器内的荧光素、荧光素酶等化学物质，这些物质进行生化反应，把化学能转变成光能。反应中释放的能量几乎全部以光的形式呈现，反应效率能达到95%，因为几乎不产生热量，所以萤火虫能发出冷光，并且不会因为过热而灼伤自己。这为人类提供了灵感，人们依此发明了安全照明设备，即便在高瓦斯浓度的矿井中，照明也不再是问题。通过模仿萤火虫发光器的天然结构，科学家还制作出LED荧光覆盖层，提高了55%的LED荧光提取效率，节约了更多能源。

消失的萤火虫：用商业模式拯救

　　萤火虫是非常直观的生态系统指示生物，很多人小时候在稻田里看到过萤火虫，但现在是几乎不可能了。原因之一是农药的使用。为了对付稻田中的二化螟和稻飞虱，人们喷洒了过量的农药，导致害虫产生了抗药性，活了下来，而它们的天敌和萤火虫却无辜中招死亡。

　　另外一个伤害来自光污染。萤火虫的光通常是冷艳的黄绿色，在黑夜中穿透力很强，所以萤火虫白天休息，晚上求偶，但各种人造照明设备的出现，对它们影响极大。原本在蛰伏一个白天后，萤火虫会随着夜色出动，但是宛若白昼的灯光干扰了它们的判断，它们误以为黑夜还未到来，从而错失求偶时间。短短两周内，不能成功找到配偶，萤火虫的繁衍就成了问题。对幼虫来说，明亮的灯光同样危险。幼虫在夜晚发光能警告企图攻击它们的侵略者，但是灯光让它们丧失了防卫的本能，使之更易受到伤害。十几年前，人造照明设备普遍安装在城市，农村使用的并不多，所以还有不少农村可以看到萤火虫飞舞的情景。但是，近年来农村发展迅速，水泥路代替了土路，还安装了 LED 路灯，萤火虫只得躲进深山。即便如此，它们的生活依然躲不开灯光的威胁——深山也被开发成了景区。景观灯在夜晚驱逐着萤火虫，它们只能往更黑暗的缝隙里钻，而那里有蜘蛛网在等待着它们。

　　极端天气也会影响萤火虫的生存状况。在萤火虫的求偶季，出现连续降雨，雨水过量，雄性萤火虫寻找配偶受阻，无法成功寻觅到配偶，将导致种群数量大幅下降。干旱同样影响萤火虫的繁衍，尤其对水栖萤火虫的影响最大。水栖萤火虫一般在 5~8 月交配，随后产卵，经过 20 天，孵化出幼虫，幼虫钻入水中捕食淡水螺。但是一场大旱就会让它们种群灭绝。2011 年,中国最大的淡水湖鄱阳湖中心区域水体面积锐减六成,"千湖之省"湖北的千条河沟干涸见底,萤火虫难逃厄运。长时间的干旱出现时,萤火虫幼虫即使钻到了湿润的泥土深处,也会很快死亡。在武汉郊区的江夏红旗村,原有一大片绵延的稻田,稻田中生存着两种珍稀的水栖萤火虫——雷氏萤和武汉萤。干旱来袭时,土地开裂,农民无法插秧,原先在湿润泥土中越冬的雷氏萤和武汉萤尽数死亡。2012 年,人们再次回到红旗村那片稻田时,已经见不到一只水栖萤火虫的成虫,可见干旱对水栖萤火虫的影响是致命的。

商业捕捉同样会对萤火虫造成直观的伤害。隋炀帝夜游山川放飞萤火虫,形成了"光遍岩谷"的壮观景象。现代商家也竞相效仿,举行大规模萤火虫放飞活动。这样的行为除了导致大量萤火虫个体死亡外,还可能干扰本地萤火虫的种群,并对蜗牛等软体动物产生影响。

虽然有萤火虫死于商业,但是现阶段保护萤火虫又得益于商业,比如发展生态赏萤、建造萤火虫科普馆、培训生态导游、保护萤火虫栖息地等,如此一来,既让公众欣赏到自由飞行的美丽萤火虫,又能进行生态环保教育,实现保护萤火虫的目的。可见商业模式对于萤火虫保护并非一无是处。期待经过多方努力,萤火虫的栖息地不会一退再退,萤火美景不只是出现在回忆里。

·摘自《读者》(校园版)2020 年第 19 期·

猫为什么喜欢钻箱子

大科技

只要把箱子放在地上、椅子上或者书柜上，猫就会迅速地躺进去，占有它。我们要如何解释空箱子对猫所产生的吸引力呢？行为生物学家和兽医们提出了一些有趣的解释。

首先，箱子可能是猫应对压力的好帮手。对常常处于压力环境中的它们而言，在密闭的空间里会感到舒适和安全，一个箱子或者其他类型的"独门独院"会对它们的行为和生理机能产生深刻的影响。

荷兰乌得勒支大学的兽医克劳迪娅·温克研究了收容所中猫的心理状况。在荷兰的一家动物收容所中，温克把猫分成两组，给其中一组提供了箱子，另外一组则没有。她发现两组猫的心理压力水平出现了显著差异——有箱子的猫能够更快地适应新环境，更早地消除紧张感，并更喜欢与人类交流。这个实验证明了箱子是猫减轻环境压力的好帮手。

当然，一些爱钻箱子的猫看上去并没有什么心理压力。所以，我们需要注意猫喜欢钻箱子的第二个可能的原因——逃避。

科学家认为，猫似乎并没有发展出像其他群居动物那样解决冲突的能力，因此它们可能会通过回避对方或减少活动来避免激烈的"遭遇战"。当一只猫更倾向于逃避问题时，它就会找一个箱子钻进去。因为在这个时候，一个箱子常常代表着安全区——一个焦虑、敌意和不必要的关注都会消失的地方。

细心的观察者会发现，猫不仅喜欢钻箱子，而且还会在许多奇怪的地方自我放松。有些猫会蜷在洗手池里，有些猫则喜欢躲在鞋子、碗、购物袋或者其他狭小的空间里。所以，更简单的第三种解释也很靠谱——它们感到冷了，要找个暖和的地方待着。

家猫最适应的温度是 30℃~36℃，在这一范围内猫才会感到舒适。这一温度范围刚好比人类最适应的温度高出 10℃左右。这也就能解释为什么许多猫喜欢蜷在狭小的空间内了。纸板通常是很好的隔热材料，而且狭窄的空间使猫不得不蜷成一团，这反过来也有助于它保存热量。

·摘自《读者》（校园版）2020 年第 19 期·

噪声对海洋生物的影响

吴雨霏

　　随着人类文明的发展，人们利用声呐导航和捕鱼，利用勘探船进行海洋地质勘探，使用各种机器对海底石油和天然气进行勘探，就像在陆地上施工一样。这些在海洋中运行的机器也会产生不同频率、不同响度的噪声。海洋上来来往往的大型商船、承载旅客的邮轮也会产生噪声。人类已经对海洋造成了非常严重的噪声污染。

　　噪声对海洋生物究竟造成了怎样的影响？

　　暴露在高强度的声音之下，一些海洋动物会出现暂时性听觉缺失或听觉灵敏度降低。当噪声强度足够大时，则会导致海洋动物听觉永久性下降或缺失。研究表明，在海上建造风力发电厂时，距水下打桩点100米范围内的宽吻海豚，听觉器官会受到损伤，50千米范围内的宽吻海豚会出现行为异常或被迫逃离。噪声不仅对包括海豚在内的哺乳动物，对一些无脊椎动物也会造成巨大的伤害。研究显示，噪声可以导致头足类动物，如章鱼、乌贼、鱿鱼等动物平衡器受损，使其难以在海洋里保持平衡。随着时间的推移，这种伤害还会加剧，最终可能导致这些动物死亡。

巨大的噪声还会造成其他损害：鱼类若距离高分贝声源太近，可能会导致鱼鳔爆裂；地震勘探时的气枪爆破声，可能会导致发育中的扇贝幼虫畸形，也可能杀死大片浮游生物。

噪声会改变一些海洋生物的生活习性或规律，如浮游和潜水规律，发声的音量、节奏，摄食习惯等。鲸类通常生活于深海，噪声会迫使一些鲸快速浮出水面，从深海区骤升至浅海区，压力下降过快，会使鲸患上减压病。研究发现，当商业船只发出的噪声干扰到露脊鲸交流时，露脊鲸会改变其交流的音频频率。宽吻海豚因人类产生的各种噪声而被迫简化它们的语言，这种变化类似于人们在酒吧或餐厅等嘈杂环境中，通过大喊一些简单的字词来进行费力且低效的交流。突发的声响会吓到海洋动物，使它们远离经常觅食的区域，导致食物缺乏。频繁的噪声也会使一些鱼类处于高度紧张的戒备状态，它们会花更多的时间进行巡逻以防范危险，无暇觅食和照顾幼鱼。

·摘自《读者》（校园版）2020年第19期·

大牌取名的秘密

叶茂中

我们先来看看下面这些品牌名:阿里巴巴,源自一个全世界都知道的故事;NIKE(耐克),取自古希腊神话中胜利女神的名字;红牛,借用了古希腊神话中生命力最旺盛的灵兽的名字。这些品牌名天生自带传播力,消费者很容易就能记住,而这些品牌名都具备两大特点:熟悉感和形象感。

取品牌名有两个方向:顺时针,顺势而为,借势而上,将消费者"熟悉"的元素作为取品牌名的素材;逆时针,将两种不相关甚至相反的概念组合在一起,制造冲突感。

无论是顺时针还是逆时针的取名方式,我们首先要找到能和消费者产生关联的熟悉感,只有在熟悉感的基础上,才能解决传播过程中的冲突,降低消费者记忆的成本。

熟悉感可以来自很多方面：熟悉的诗词歌赋、典籍、名著，比如百度的品牌名出自辛弃疾的《青玉案·元夕》，"众里寻他千百度，蓦然回首，那人却在，灯火阑珊处"；熟悉的地名或者名胜也可作为品牌名，比如喜马拉雅 FM、青岛啤酒；或用熟悉的叠词命名，比如滴滴、拼多多、货拉拉；更可用熟悉的常用口语命名，比如饿了么、花呗。

天猫、蚂蚁金服、闲鱼、盒马……阿里借势"动物园"，让消费者更快地记住了品牌名，节约了大量的传播费用。阿甘锅盔，借势电影《阿甘正传》，让消费者体会到企业不怕吃苦，"吃盔（亏）是福"的阿甘精神。

这些都是顺时针取名的例子，这些品牌名能"好风凭借力，送我上青云"的关键在于：都是搭乘消费者熟悉的"青云"，尤其是那些能快速激发出形象感的名字。

而逆时针取名，如电影《羞羞的铁拳》，羞羞和铁拳的冲突感，就会激发消费者的好奇心；月亮应该是洁白如玉的，洗衣液却起名蓝月亮；迪奥旗下的香水，名为"毒药"。逆时针取品牌名的关键，不仅要抢占消费者熟悉的名字，更需要运用想象力和创造力，对其进行二度创作，赋予其新鲜感。

逆时针取品牌名的反差感，也体现在品牌名和产品之间。原本冰冷的高科技企业，却用接地气的水果或者五谷来命名，就像苹果和小米，反而能引发消费者的好奇心，快速拉近与消费者之间的距离。

你的品牌名能否做到一听就懂，能否让消费者想到具体的形象，能否让消费者一下子就记住？

·摘自《读者》（校园版）2020 年第 19 期·

地球何处最厚

林　泉

地球最厚的地方，是指地球表面与地心距离最大的地方。乍一看，世界第一高峰珠穆朗玛峰似乎离地心最远，应该是地球最厚的地方，可事实并非如此。据人造地球卫星测定，地球上最厚的地方是南美洲的钦博拉索山。该山位于南纬 1° 28′、西经 78° 48′，正好坐落在地球略鼓的中间部分，海拔 6272 米，从峰顶到地心的距离为 6 384.1 千米。珠穆朗玛峰虽然为世界第一高峰，但是它从峰顶到地心的直线距离为 6 381.949 千米。

抢救病人的 ECMO 究竟是何方神圣

赵言昌

新型冠状病毒侵袭人的肺部组织，引起广泛的炎症，严重影响患者呼吸，而 ECMO（体外膜肺氧合）相当于一个机械肺，可以绕开肺脏给患者输送新鲜的氧气。因此，它被誉为患者"最后的救命稻草"。

那么，这样神奇的设备是如何出现的呢？

世家公子

发明 ECMO 的人，叫约翰·吉本。

三国时期的袁绍爱说自己家是"四世三公"，袁家往上数四代，代代都做过大官。吉本家的情况也差不多，往上数四代，代代都是名医。如果这家人在家庭聚会上集体感染流感，搞不好会影响其所在医院的实力排名……

如果沿着父辈们的路走下去，吉本应该进入某家医院安稳地做一名医生，可意外总会先来到。

1930 年 10 月 3 日，27 岁的吉本遇到了一个病人。这个病人的胆囊出了问题，必须切除。然而，切除胆囊后，患者体内出现了凝结的血块。血块随着血液循环，一路跑进了肺里，像栓子一样堵住了血管。

肺是一个非常神奇的内脏器官，它的内部由无数细小的像气球一样的肺泡组成。我们吸入的每一口空气，沿着各级器官组成的通路进入这些小气球，而它们会把其中的氧气抓出来输送到血液里，使生命之火保持燃烧。

以当时的医疗条件，要想救下这位病人必须进行手术，且手术速度要非常快。吉本的导师有一双令人惊叹的手，在几分钟之内就完成了切开血管、取出血栓、缝合血管等操作，比教科书上写的更加标准。

可病人还是死了。

迷途羔羊

那名患者剧烈挣扎，脸色铁青，无法呼吸，一点氧气也吸不到。

此后，这个画面经常在吉本的脑海里出现，使他产生了一个非常离经叛道的想法：用机械做一个肺脏，帮助患者呼吸！

所有人都认为他疯了，认为那条路根本走不通。朋友劝他选择一个更安全的研究领域，多发一些论文，好在哈佛大学找到工作；导师劝他换个研究方向，不必把大好的光阴浪费在死胡同里。

但吉本忘不了那张极度渴望氧气的脸。谁知道世间有多少这样的患者，等着有人能去缓解他们的痛苦。

导师虽然不看好他的研究，却尽自己所能，为他找到一个研究职位，让他有了一间小小的实验室。

1934 年，在麻省总医院的布尔芬奇大楼里，吉本和他当时的助手、后来的妻子开始了制造肺脏的旅途。

峰回路转

按照吉本的规划，他们需要在动物身上做大量的试验，一点一点解决人工肺存在的问题，然后才能在人体上做进一步的验证。

人工肺的原理说起来并不复杂：把病人的血管切开，用导管将血液引出来，往血液中注入氧气，将血液中的二氧化碳释放出来，再把血液送回病人体内。但做起来千难万难：血液流出的速度太快病人会死，氧气注入的速度过慢病人会死，血液凝结产生血栓或者存在气泡导致空气栓塞病人会死……

说到这里，你也能猜出来，为什么大家不看好吉本的想法——人工肺研究中有太多工程学上的难题，这些留给工程师解决就好，一名医生凑什么热闹！

吉本不这么想。他抓住一切机会向别人求助，不断思考、不断学习。他逛遍波士顿的二手商店，寻找便宜可用的物件。

在所有的问题中，最难的是如何往血液中注入足够的氧气。不知道吉本有没有了解过仿生学，不过，他最终鼓捣出来的东西却充满了仿生学的智慧。

那是一个金属圆筒，跟血管有点像，里面充满了氧气，好比是肺泡。血液从金属圆筒中缓慢流过，依靠气体的自由扩散，释放二氧化碳，融入氧气。金属圆筒的底部负责收集血液、对血液进行加热，而连接在它后面的水泵则起着心脏的作用。

从萌生人工肺的想法到制订可行的方案，他花了 4 年时间，从正式开始研究到制作出原型机，又花了 1 年。在不知道做了多少次动物试验之后，1935 年，吉本终于完成了一次成功的试验。

不负初心

一次成功的试验意味着一个可行的方向，只要再改进也许就能见到胜利的曙光。可生活中总有一些我们无法掌控的事。没过多久，第二次世界大战爆发，吉本参军，人工肺的试验被迫中断。

等他带着上校军衔回到学校的时候，所有人都知道那个研究人工肺的疯子回来了。

生活同样充满让我们意想不到的惊喜。有一个学生很敬佩吉本，他未婚妻的父亲认识 IBM 公司的总裁，便介绍吉本与 IBM 公司的总裁认识，吉本从 IBM 公司带回了一大批优秀的工程师。同时，美国国立卫生研究院也从吉本的研究中看到希望，给了他一大笔研究经费。

有了人和钱，吉本便可以安心改进人工肺。

人和动物相比，需要的氧气量要大得多。想把人工肺用到人类身上，必须设法提高氧气注入的效率。

那怎么才能提高氧气注入的效率呢？

说来有趣，答案藏在你的电脑、空调、汽车里。这些设备都含有散热片，它由许多金属薄片组成，金属片越密集，与空气的接触面积越大，散热效率就越高。与此类似，吉本制作了许多片金属丝网，将其垂直排列在充满氧气的箱子里。

血液从患者体内流出来，沿着每一片金属丝网落下，像一层层缓慢流动的塑料膜，释放二氧化碳摄取氧气，随后被水泵驱使着为患者送去生的希望。

随着人工肺不断改进，1953 年 5 月 6 日，也是立志研究人工肺 23 年后，吉本终于用 ECMO 成功进行了一次人体手术。

吉本自始至终没有依靠 ECMO 赚一分钱，甚至没有动过这个心思。1973 年 2 月 5 日，吉本在打网球时因心脏病发作，永远离开了这个世界。而他的发明留了下来，一直在帮助那些病情危重的病人。

·摘自《读者》（校园版）2020 年第 19 期·

我用垃圾在田里搞艺术

李沧南

来自珊瑚死亡的启发

叶嘉怡 17 岁那年，对环保有了新的认识。

她一个人从美国东北部的康涅狄格州飞往澳大利亚，参加一次游学，游学的主题是自然风光摄影。前后 21 天里，他们先在沙漠里露营，随后去原始雨林，再去深海浮潜。

让她感到震撼的，正是那次深海浮潜。他们跟随当地的船长，去深海观察海洋生物。她看见了很多珊瑚，颜色浓烈而鲜艳。一开始，她单纯地觉得好看。但船长用朴素的环保知识告诉她，全球在变暖，海水温度上升导致珊瑚提前发育，提前死亡。

后来，她看到了触目惊心的一幕：大量的珊瑚，已经布满了白霜，如同尸骨一般。

17 岁的叶嘉怡这次游学去的地方都是人类活动很难抵达的偏远地带。随处可见的垃圾提醒她，没有任何一个地方，是人类污染所不能及的。本来是一场赏心悦目的自然风光摄影之旅，却成了她的环境教育课。珊瑚的尸骨，给了她强烈的震撼，留下让她久久无法释怀的压抑。

环保，从一项遥远而宏大的议题，变成了一种切身的感受，叶嘉怡意识到紧迫性：作为个体的人，必须要有所行动。

叶嘉怡就读的高中，在美国东部偏远的乡村。距离最近的城市，开车走高速公路也要 40 多分钟。那里很封闭，比邻大森林，时常有野生动物前来造访。黑熊时不时就来学校逛一圈，有时是鹿群来访，或者狐狸出没。有一次，她看到宿舍外面，一只黑熊趴在树上睡觉，懒洋洋地刚睡醒，蹦跶了一下就走了。

这种环境给她一种亲切、敬畏，令她好奇的感受，让她感到自然的某种生命力，也给她带来强烈的冲击力。

高中毕业后，叶嘉怡进入拉法耶特学院，主修心理学和神经科学。神经科学既触及人类的生物性，同时又研究人类的精神和意识，满足了她对生物学和心理学的共同热爱。但是，这位"00 后"少女，无法忘怀那年在海底看到的场景，它是如此触目惊心。

3 个无限可能的词

叶嘉怡 15 岁出国，独自来到陌生的文化环境。学校里的中国人仅四五个。最开始，她很难融入集体，感到孤单，需要有人给她启发，疏导情绪。

今年 3 月，她在好友黄简的微信朋友圈看到一句话："乡野疗愈人，人亦疗愈乡野。"她深受触动。黄简同样是个酷劲十足的"00 后"少女，在美国读高中的她，不久前刚刚通过直播参加了自己的高中毕业典礼。通过共同的好友，她们辗转相识。

黄简在一个关于乡野疗愈的公益组织当志愿者。不久前，该组织联合一些民间组织，策划了一场针对白衣天使的疗愈活动。在抗击新冠肺炎疫情的过程中，很多医护人员因承受巨大压力出现了心理创伤，这项活动，是帮助他们在乡野中找到一个暂时的栖息地，疗愈身心。

5 月底，叶嘉怡加入黄简的行动，她们讨论如何借助于这个平台，探索一些环保和疗愈相结合的可能性。她们查了很多资料，发现在中国有马拉松与环保结合的项目，也有进山捡垃圾的捡拾项目，种类繁多。不过，叶嘉怡觉得这些项目还是缺乏延展性和交互性。环保的理念，应该有一种新的言说形式。

思考和讨论多时，"自然""营造""实验室"，这些完全不同的词汇，浮现在她们的脑海里。叶嘉怡觉得，这 3 个词，可以组合出无限的可能性。于是，"自然营造实验室"便诞生了。

"自然营造"的概念，是她们自己创造的，脱胎于社会学里的"社区营造"——居住在同一地理范围内的居民，持续以集体的行动来处理其共同面对的社区生活议题，解决问题的同时也创造共同的生活福祉。逐渐地，居民之间以及居民与社区环境之间就建立起紧密的社会联系。

不同于社区营造，自然营造的空间，搬到了自然环境中，对象也不再是人与人的社会性，而是重建人与自然的内在联系。在叶嘉怡的愿景中，自然营造，营造的是一个关于环保的互动空间，让更多人成为环保的参与者，同时也打造一个青年社创平台，围绕环保，演变出多种多样的项目。

"自然营造"项目的第一期，她们把目标定在了浙江湖州的莫干山。6月，叶嘉怡和黄简前去踩点，来到了莫干山镇的南路村，此地位于莫干山的后山，满坡的翠竹，清澈的山泉，烘托出一个怡人、清静的乡野世界。

她们决定把实验场所定在这里。

行动者，在乡野

6月中旬，项目开始落地。

叶嘉怡和同伴们每天早上5点就起床，到了晚上，他们仍然在田里忙活，过上了与村民同步的劳作生活。

同济大学的一位老师和几位学生，负责设计规划。按照原先的计划，他们准备做出一个带顶棚的环保艺术装置。但刚来那几天，恰逢莫干山暴雨不断，工作只能见缝插针地进行，方案不得不多次进行调整。

这次建造工程的材料之一，是莫干山当地盛产的竹子。他们打了桩，浇灌了水泥，将众多竹竿直立起来，并在竹竿上方套上一个"华夫格"形状的顶。

游客带来的大量的塑料垃圾，这些是他们这次行动要处理的核心材料。一部分团队成员负责去附近捡垃圾，收集塑料瓶，一会儿就有了一筐，数量惊人。几天下来，他们收集了近千个塑料瓶。塑料瓶清洗干净后，对半剪断，用绳索套住，垂挂在华夫格上，变成可以盛水的小花盆。他们在瓶中种上诸如铜钱草这样的水培植物。

经过近一个星期的劳作，一个艺术装置便完成了，他们把它命名为《看山还是山》，对此的解释是："很多时候，人类的社会活动过于复杂，其实自然永远秉持着"看山还是山"的本质，我们希望可以用自然的简单给人们带来启发。"

　　叶嘉怡表示，后续他们将与"捡拾中国"项目合作，前期开展"净山计划"，将捡拾回来的垃圾进行艺术创作；把捡垃圾的人，捡拾的心路历程和垃圾背后的故事，做成一次垃圾艺术展览。

　　自然营造实验室的野心也在这里，他们希望打造一个共创平台，围绕健康生活、可持续生活方式，将环保主义融入乡村建造、文旅、艺术等，把自然实验室变成一个共创型的项目孵化平台。

　　一点一滴的行动，必然感染着更多的行动。行动者，有未来。对于叶嘉怡来说，她秉持的核心理念，依然是"乡野疗愈人，人亦疗愈乡野"。脱离自然的人，回到乡野，获得救赎和疗愈。但自然也需要人类去疗愈它，修复它。

　　他们所营造的空间里，人与人、人与自然，都展现出了人类向善的本质。向善的本质疗愈了人，而向善的行为，则疗愈了自然。

　　病毒、蝗灾、洪水，在一系列灾害面前，暴露出来的，是人类与自然走向失控的关系，需要疗愈的，不仅是人类，也不仅是自然，而是人类与自然的关系，如何修复并重回正轨。

·摘自《读者》（校园版）2020 年第 20 期·

如何练成凌波微步

【法】皮埃尔·巴泰勒米

魏　舒　编译

　　人到底能不能在水上走？如果我们把网络上流传的那些假新闻放到一边，根据现存的文字记录，公元最初几年在加利利湖边发生过一次，且仅发生过一次人类在水上漂的壮举。对于一些人来说，这让人难以置信，因为在人们的认知范围内，只有很少的几种动物有能力做到水上行走。最著名的当属水黾，这种昆虫被误称为"水蜘蛛"，它能优雅地在池塘或河流的水面上滑行。但是这种小动物"作弊"了，它们的躯干上长着一种厌水的细毛，跗节上的毛使得它们可以借助水的表面张力在水面上非常快地运动，而两足的大型动物是不具备这种技能的。

如果我们想找到两足动物在水面行走的实例，那就必须进入蜥蜴的世界。有种爬行动物费了很大的劲儿才赢得了"基督蜥蜴"的美称，因为它能依靠自己的后足在水面上立起身子，全速奔跑，胡子迎着风……不，对不起，是头冠迎着风。可问题是，哪个人能像蜥蜴这样，在一秒钟之内跨出 8 步？挑出我们人类中跑得最快的尤塞恩·博尔特，如果这位牙买加运动员想练成水上漂的功夫，必须将自己跑步的速度提升 3 倍，也就是超过 100 千米 / 时——即便运动学的药典内容在持续扩增，也很难帮他达到这个水平。还有一种方法是让脚无限增大，直到它的面积超过 1 平方米。

那就没戏了？所幸不是。科学能解答一切问题。我们显然不能把他的脚增大到巨型鸭蹼的尺寸，但可以通过减轻他的体重来减少重力的影响。荣获过搞笑诺贝尔奖的意大利团队计算过，如果把重力降为原先的 1/5，那么在水上行走将会成为可能。说做就做。专家们设计了一个非常巧妙的可以大幅减轻实验参与者体重的气压力装置，用一根电缆连接上马具，然后再连上一对小小的人造蹼，人们就可以在一个搞笑的充气泳池里验证该理论的正确性。

事实告诉我们，当重力不超过地球重力的 22% 时，一个人可以在静止的水面上疾速奔跑。为了达到这个目标，奔跑者必须将自己的膝盖抬高，这会让人有一种很滑稽的错觉，好像他正在一碗汤里踏水。研究者总结道：如果太空旅行真的可以实现，在那些重力相对小一些的星球上，如月球、冥王星或者木星的主要卫星上，人类可以扮演先知。条件是要先在这些星球上找到液态水，而这在目前看来，还是天方夜谭。

给油画拍 X 光片

苏　恬

给画拍张片子

　　中国有大量的油画处于年久失修、保存不当的状态。在各类油画回顾展中，总能看到"年纪轻轻"却已"伤痕累累"的画作，令人十分痛心。只有及时保护才能使这些珍贵又迷人的艺术作品长久流传下去。

　　通常来讲，修复师在拿到一幅作品后，首先要做的是诊断作品，观察及描述作品所有细节的保存状态，以文字和照片的形式将其记录下来，同时收集作品的历史背景资料。

　　其中，摄影是帮助修复师理解和分析画面的重要手段之一，使用不同波长的射线照射还能做到分析作品的不同画层。这里说的"摄影"可不是普通的照相，而是要用到紫外线、红外线和 X 射线等"高超"手段的拍照技术。

借助于紫外线，专业修复师能判断漆层的成分、均匀度、密度、完整性和年代，甚至鉴别作品的真伪；同时，在紫外线照射下很容易确定作品是否曾经被修复过，比如，曾被补色的部分就会比其他区域呈现更暗的效果。

如果说紫外线是帮助判断作品最表层漆膜状态的手段，那么红外线就是帮助分析作品"隐藏画层"的魔法。借助于红外线的特点，我们可以拍摄到作品的素描基础和颜料层的变化，可以"看到"作品用肉眼看不到的本来面目。很多古典油画在红外线下都能暴露不少惊人的"秘密"。

只有专业人士在专业的拍摄空间里才能进行 X 射线分析。X 射线具有很强的穿透性，能通过胶片观察到部分金属元素。但由于大部分布面油画的整体厚度较薄，X 射线研究的效果并不明显，所以只有部分有研究价值、符合条件的画才会通过 X 射线来研究。另外，这一方法更多是用在木版画上，因为借助 X 射线能看到木板内部的虫蛀状况和木质结构。

用生命修画

接下来，修复师会开会讨论制订下一步的修复方案，比如，使用哪一种材料进行加固，画布的老化程度是否需要托裱等。

根据前期分析的结果，还能知道一幅画是否需要清洗下画层。一般来说，如果下画层保存完好，而表面的画层是后人画的，那就要把表面画层清除。

其中，加固是最常见的修复步骤，几乎每一幅送修的作品都需要被加固，这一步能解决脱落、起翘等问题，使画面恢复平整。直至 19 世纪末，人们修复作品时都会采用和原作近似的传统天然材料，包括淀粉胶、动物胶、蜂蜡、蛋黄等。部分材料直到今天仍在使用。

　　光是动物胶就来头不小。最常用的动物胶当属兔皮胶和鱼胶，而其中最优质的非鲟鱼胶莫属。鲟鱼胶由鲟鱼鳔加工而成，黏性很强，能粘得非常牢固。作为天然材料，它还符合修复原则中"可还原"的材料要求。

　　制作鲟鱼胶是个力气活儿，首先要把干硬的鲟鱼鳔用小钳子剪成小块，再放进净水浸泡过夜，然后用手慢慢将胶块捏软、捏开。读书的那些年，我常常做鲟鱼胶做得双手酸痛，老师每次都会说："这可是顶级手部保养品，外人想买都买不到！"听罢手上力道又多了几分，捏得也更勤快了。

　　手术刀也是修复师必备的工具之一。是的，就是医生用的真手术刀。还有牙科精细工具、针线、刮刀、熨斗、各种塑料膜等。在俄罗斯，修复师也是穿着白大褂工作的，俨然一个医生要上台做手术了。

　　在分析微观切片和画面的细节时，还会用到各种高倍数的显微镜。有些精细操作也需要在显微镜下进行。每次在显微镜下连续工作数小时后，眼睛都要花好长时间才能恢复成正常的视觉。

　　另外，"清洗光油"这一步可谓是强迫症患者的福音，整个过程看起来非常舒适。但修复师就未必舒服了，因为清洗光油的化学溶剂常有刺鼻气味，有些还对人体有害，为了保证安全，工作室的通风系统和防火设施一定要到位。

　　欧洲很多古老的油画都因当时的条件限制，使用了许多对画作伤害非常大的涂层，导致清洗异常困难，常常需要使用腐蚀性强的溶剂，而这类溶剂通常毒性较高，操作时气味很大。

　　各国的修复师守则都强调了职业安全的重要性。自从成为修复师，我便常常感叹：我们真的是用生命在修画！

·摘自《读者》（校园版）2020 年第 20 期·

动物也会说方言

《自然密码》杂志

乌鸦的方言

你瞅啥？美国的乌鸦在遇到危险时能发出一种特殊的叫声预警，其他的乌鸦听到后就会飞走。但这种叫声对法国的乌鸦就没有任何作用，它们听到后甚至还会聚拢过来。

有趣的是，迁徙于欧洲和北美洲之间的乌鸦，不仅能听懂本地乌鸦的叫声，也能听懂迁徙地乌鸦的声音，只有笼养在两个不同国家的乌鸦互相听不懂对方的语言。

蝼蛄的方言

蝼蛄俗称"蝲蝲蛄""地蝲蛄"，是一种危害农作物的昆虫。它们在田间兴风作浪，有的咬坏农作物幼苗的根、茎，有的直接在地下开掘隧道，使幼苗的根与土壤分离，最后干枯死亡。

蝼蛄灾害在河南省黄河以南地区最为严重。1989 年，我国的昆虫学家发明了一种"声诱"法来消灭蝼蛄。他们先用高保真录音机将雄性蝼蛄的声音偷偷录下来，再拿到田间大音量播放，这样就会有成群结队的雌性蝼蛄前来，人们就可以将它们一举消灭。

一开始，试验进行得很顺利，可后来人们发现，原本在北京平谷效果最好的雄性蝼蛄鸣声到了河南中牟却没有太显著的效果。昆虫学家又录下了河南蝼蛄的声音做引诱，结果发现，河南蝼蛄的鸣声对河南蝼蛄的吸引力要远远高于北京蝼蛄的鸣声。看来蝼蛄的鸣声也分北京口音和河南口音呀！

日本猕猴的方言

日本猕猴，又叫雪猴，生活在日本北部地区，是世界上生活地区最北的非人类灵长类动物。日本猕猴大约半岁时就会说"方言"了，生活在不同地区的猕猴发出声音的频率也不一样。比如爱知县的猴群叫声频率平均为 670 赫兹，而屋久岛的猴群叫声频率平均为 770 赫兹。研究发现，不同地区的刚出生的小猕猴叫声几乎是没有区别的，大约半年以后，它们的发音就有了地域分化。

另外，我国的猴群其实也有方言。有研究人员曾把神农架的猴子发出的警报声拿到上海和北京的动物园给猴子们播放，结果那里的猴子丝毫没有反应。

·摘自《读者》（校园版）2020 年第 20 期·

"细菌战"可以拯救油画

大科技杂志社

　　就像我们的身体一样，油画上也寄生有微生物，油画保存时间长容易褪色，部分原因就是颜料被微生物降解了，但这些微生物迄今为止很少被研究。

　　为了更好地了解这些以油画为生的物种，意大利费拉拉大学的伊丽莎白·卡塞丽从一幅创作于 1620 年的油画中采样进行分析。

　　她在采样的颜料中发现了几株葡萄球菌和芽孢杆菌，以及一些来自曲霉属、青霉属、枝孢菌属和交链孢属的线状真菌。此外，她还鉴定了可能是这些微生物食物的色素。

　　卡塞丽是一名临床微生物学家，她曾经花了数年时间寻找消除医院里有害微生物的方法。之前她发现，含有无害芽孢杆菌孢子的洗涤剂可以清除医院里的病原体。这是真正的"细菌战"——以细菌对付细菌。
这次她也尝试用同样的方法来对付油画上的微生物。

　　她先从油画上提取出寄生的细菌和真菌，然后向它们喷洒含芽孢杆
菌孢子的洗涤剂，她惊喜地发现，这些微生物的生长几乎完全被抑制了。

　　看来，"细菌战"同样可以拯救价值连城的艺术品呢！

·摘自《读者》（校园版）2020 年第 20 期·

古人为什么不用拔智齿

L

智齿，有的人长 1 颗，有的人长 4 颗，它在现代社会的唯一价值，或许是给医生创收。

绝大多数人可能都认为，智齿就跟阑尾一样，属于人类进化的残留物。

2011 年，美国将 1000 万颗智齿连根拔起，相当于每个纽约人都能分到一颗而且还有盈余。

智齿真的是进化的残留物吗？不知道你会不会有这样的疑惑：为什么我的父母不拔智齿？为什么我的爷爷奶奶也不用拔智齿？为什么古人似乎也不拔智齿？

古人写诗抱怨过自己视力不好，抱怨过自己头发白得太快，也抱怨过自己牙口不好，但似乎没留下抱怨自己智齿发炎的线索……

答案或许是这样：智齿本来可以自然萌发并派上用场，只不过随着工业化的发展，它无法好好长大，从而成了祸害。

也就是说，是工业化的生活让智齿变得无用甚至有害，而不是进化遗漏了它。不是智齿变了，而是我们变了。

据统计，全球有 35% 的人一生都不会长出智齿，和这些进化的天赋之子相比，剩下 65% 的人会长出 1 到 4 颗智齿。

有人甚至会长出 4 颗以上的智齿，不得不说，这大概是另一种天赋。

智齿实际上是人类的第三磨牙。

不同的动物拥有各自各具特色的牙齿。老鼠的门牙会在短暂一生中不断生长；鲨鱼的牙齿坏了能轻松换上新的，一辈子要长几千颗牙齿。

至于人类，牙齿分工有别。门牙负责切割，小犬牙负责撕扯，磨牙负责研磨。

不过我们只有两套牙齿。第一套是乳牙，10 个月到 12 个月大的时候萌发，然后 6 岁到 13 岁时陆续脱落，换成第二套恒牙。

为什么要换牙呢？因为年龄长了，脑袋变大，牙床也变大了。但是婴儿时期长的乳牙并没有跟着长大，造成的结果就是小孩儿牙缝越来越宽，蛀牙越来越多。

所以为了适应逐渐变大的脑袋，牙齿必须长大，这就是人类要换上 28 颗恒牙的必要性。

人类的牙齿只有两套，而且恒牙在适应成长期时早早就换上了，这就使得成年后，恒牙的耐久度非常没有保障。

所以在 20 岁左右，人体预设的另一组牙齿——智齿，就跟"福利补丁"一样登场了。

智齿有两个预设前提。

首先，距今 4 万年前至 1 万年前，作为渔猎采集者，人类的食物以烧烤为主，没准儿还要用磨牙咬核桃，总之就是吃的食物比较粗糙，所以人到 20 岁时可能已经崩掉了几颗恒牙。

这时候再长一颗牙，不仅可以补充宝贵的磨牙，还能缩小牙缝，以免食物塞牙。

距今 1 万年前至最近几百年，作为农业社会的农民，食物以糙米、玉米为主，饮食依然粗糙，所以中世纪的欧洲农民很少有一口整齐的牙齿。

这时候长牙，对人类的帮助很大。

其次，人类在童年时期吃的硬质食物，似乎能刺激下颚的生长。牙床稍微再长 1 厘米，以塞入一颗智齿，对从小啃红薯、玉米棒子的人来说，并非难事。他们有久经锻炼的下颚。

而自工业革命以来，智齿生长的这两个预设条件都不存在了。

首先，现代人集体牙口变好，在牙医的照顾下，我们成年后通常既不缺牙，牙缝也不是很大。牙套还能帮助我们的牙长得更整齐，牙缝变得更小。

其次，儿童吃的食物越来越软了。

2011 年《美国科学院院报》发表了一篇论文，论文作者测量了博物馆存放的 6 个农民和 5 个渔猎采集群体的头骨。

测量数据表明，吃软质食物长大的农民，下颌确实变短了。而工业化后，我们吃的食物更软了，所以更容易诱发智齿问题。

说到底，智齿是一种类似于高血压的"富贵病"。

在工业社会之前，人类很难摄入足够的食盐，所以如果人体的肾脏对盐的摄入量比较敏感，人类就能更好地活下去。

世界各地的人都有烧草木灰提取食盐的方法。新几内亚人把丛林中特定植物的叶子摘下来（这种叶子比其他植物的叶子含盐量更高），烧成灰，并将灰烬收集起来。

灰烬又咸又苦，味道很可怕。他们将灰烬投入水中，将水煮沸以浓缩盐。然后，再放冷水，再煮沸，再放冷水，再煮沸……

而今天，一个巨无霸汉堡包含有 1.5 克食盐，相当于曾经的新几内亚人一个月的食盐摄入量。

有些人的肾脏可以重新吸收体内的盐，在过去，这是进化的优势，而今天，这让他们患上高血压。

智齿也是一样。进化给人类打的"福利补丁"如今反而成了祸害。

成年之际，我们的口腔被 28 颗整齐的恒牙塞满，智齿没有足够的萌发空间。于是智齿开始不择手段，它斜着长、横着长，甚至倒着长，还会潜伏。

哪怕智齿长得端正，不疼，它比较靠后的位置也无法被牙刷顾及，于是会滋生细菌，诱发龋齿。

总之，为了适应现代生活，我们只有把昔日象征着进化智慧的牙齿，也就是智齿，毫不留情地连根拔起了。

那些奇奇怪怪的疾病

璧合子

笑死病

"笑"是快乐时的一种情感表现，怎么会是病呢？笑死病也叫"苦鲁病"，这种病的特征是患者突然大笑，肢体摇晃。休息一会儿后，患者的症状会减轻，但是得病 1~3 个月后，患者会开始摇摆，走路蹒跚，站立不稳，眼睛斜视，说话不连贯，最终死掉。

笑也会有生命危险，听起来很吓人吧？别担心，美国医生丹尼尔·卡尔顿·盖杜谢克早已攻克了这一医学难题。他发现这种病只发生在新几内亚福尔部落，因为当地有一种不健康的习俗导致了病毒传染。于是，这一习俗被禁止后，笑死病随之消失了，而这位医生也凭借这个发现获得了 1976 年的诺贝尔生理学或医学奖。所以，请放心地笑吧！

吸血鬼症

东方的僵尸，西方的吸血鬼，原本都只是故事里杜撰的角色。可现实里，真的有"吸血鬼症"这种罕见病哦！身患这种病症的人惧怕阳光，他们的皮肤暴露在阳光下会起水泡，会感到疼痛和灼热。

这种病在医学上叫作"卟啉症"，不过大家还是习惯叫它"吸血鬼症"，这是为什么呢？首先，吸血鬼以吸血为生，这种病的患者也是如此，因为血液中的血红素能有效缓解症状，早期的卟啉症患者要通过喝血补充血红素（现在可以输血）；其次，吸血鬼讨厌大蒜，"吸血鬼症"患者也是如此，因为大蒜中的某些化学成分会让他们的病情恶化，带来疼痛和其他症状；第三，吸血鬼不敢见太阳，而"吸血鬼症"患者通常也只能生活在黑暗的环境中，因为患者体内的卟啉接触阳光后会转化为可以吞噬肌肉和组织的毒素，而主要的表现之一就是腐蚀患者的嘴唇和牙龈，使他们露出尖利的、狼一样的牙齿。因此，很多人认为卟啉症就是吸血鬼故事的来源。不过，"吸血鬼症"患者和吸血鬼有一个很大的不同：传说中的吸血鬼长生不老，可是"吸血鬼症"患者很短命。

苏萨克氏症候群

这病名听起来很复杂，是什么怪病呢？简单来说，患这种病的人记忆力很差。差到什么程度？患者最多只能记得 24 小时以内发生的事情。

想想看，24 小时也就是一天，患这种病的人今天完全记不得前天发生了什么事。身边的亲人和朋友如果不能每天出现，患者就会忘记他们，这对他们来说，是多么沮丧的一件事。有一位女患者曾说，她只剩下现在，没有过去——当然，她早已忘记了自己说过这句话。除此之外，患者还会头痛、畏光，视力、听力和平衡能力也会受到影响。所以，能拥有过去的记忆，也是一件幸运的事呢。

睡美人症

《睡美人》这个童话故事相信大家一定不陌生，故事里的睡美人在王子将她吻醒后，就过上了幸福的生活。可是，得了睡美人症的人就很苦恼了。

睡眠对于我们来说是非常必要的休息方式，可以恢复精力，缓解疲劳，但睡美人症却让人睡得太多了。患者会连续睡上好几周，甚至好几个月。要知道，人类是不需要冬眠的。而且在沉睡期间，患者除了自己醒来吃东西、喝水之外，任何事都叫不醒他们。待这段沉睡期过了之后，他们就不记得这段时间发生的事了。而在清醒的时候，患者其实也不是特别"清醒"，不少患者说他们会对所有的事失去注意力，对声音和光却非常敏感，女性患者中有部分会产生抑郁表现。

看吧，及时醒来也是健康的表现哦！

·摘自《读者》（校园版）2015 年第 5 期·